李 宁 编著

北京协和医院营养科副教授
全国妇联项目专家组成员

坐月子

精选家常菜

中国轻工业出版社

图书在版编目（CIP）数据

坐月子精选家常菜/李宁编著．—北京：中国轻
工业出版社，2022.4
ISBN 978-7-5184-3700-9

Ⅰ.①坐… Ⅱ.①李… Ⅲ.①孕妇－菜谱 Ⅳ.
①TS972.164

中国版本图书馆CIP数据核字（2021）第211757号

责任编辑：翟 燕　　　　责任终审：高惠京　整体设计：悦然文化
策划编辑：翟 燕 付 佳　责任校对：晋 洁　责任监印：张京华

出版发行：中国轻工业出版社（北京东长安街6号，邮编：100740）
印　　刷：北京博海升彩色印刷有限公司
经　　销：各地新华书店
版　　次：2022年4月第1版第2次印刷
开　　本：710×1000 1/16 印张：12
字　　数：200千字
书　　号：ISBN 978-7-5184-3700-9 定价：49.80元
邮购电话：010-65241695
发行电话：010-85119835 传真：85113293
网　　址：http://www.chlip.com.cn
Email：club@chlip.com.cn
如发现图书残缺请与我社邮购联系调换
220424S3C102ZBW

前 言

产褥期，对每位新妈妈来说，都是一个至关重要的阶段。生产后，新妈妈的身体就好像一扇打开的大门，需要把怀孕时滞留在体内的水分和毒素排出体外，从而使身体摆脱临产前的浮肿状态；另外，胎儿和胎盘娩出后子宫内遗留的蜕膜坏死脱落，以恶露的形式排出。

一般来说，从产后到身体基本恢复常态需要 6 周左右的时间，即人们常说的"月子"。月子期间，妈妈不止要恢复自己的身体，还要承担着哺乳的重任。如何健康坐月子就成了产后新妈妈最关心的话题，除了合理的休养生息，避免错误的月子观念以外，营养在其中扮演着重要角色，所以月子期间的饮食也就成为重中之重了。

怎么吃，臃肿的身材才能重回苗条？

怎么补，宝宝的"粮袋"不干瘪？

如何调，月子期吃好不落月子病？

如何安排，伺候月子的婆婆（妈妈）省时省力？

…………

为此，北京协和医院营养科主管营养师李宁编写了《坐月子精选家常菜》一书，本书以月子期的生理特点为基础，分享了只增营养不增重的科学吃法，告诉读者如何采用家常食材，只需要花一点点心思，就可以做出健康、美味、营养的月子餐。

本书用食物传递爱，为新妈妈的营养保驾护航。不必为月子餐吃什么、怎么吃而发愁，按照食谱做，就能让新妈妈和宝宝得到全面、科学的呵护。愿每位新妈妈都能够吃出好心情、吃出好身体。

坐月子饮食四个关键点

1 排调补养

抓住产后恢复黄金期

坐月子期间，身体的阶段性需求是不同的，错过了恢复黄金期，大多是难以弥补的。要根据不同阶段，有针对性地来调养，这样才不会留下遗憾。

第1周 排

要把多余的水分以及恶露排出体外，顺产妈妈此时可以按照传统的方式喝生化汤，吃麻油猪肝。注意不要过多进补，避免奶水淤堵。汤水少放盐和酱油，盐会使水分滞留在身体里。

第2周 调

产后妈妈的身体在逐渐恢复，合理调养有助于恢复。分娩时会有出血，应该注意补铁。可以选择吃些红肉、动物血和动物肝脏。也要注意喝牛奶，以缓解腰背疼痛。

第3周 补

该排的水分和恶露等已经排得差不多了，进入正常哺乳阶段，宝宝的食量也在持续增大。此时应注意保证足够的优质蛋白质以及维生素A、钙等营养素供给。

第4周 养

身体基本复原，饮食逐渐恢复正常，建议饮食均衡，总热量不超标，多吃各种新鲜蔬果、菌类等，促进新陈代谢。

2 适量均衡 不少不多 不瘦不胖

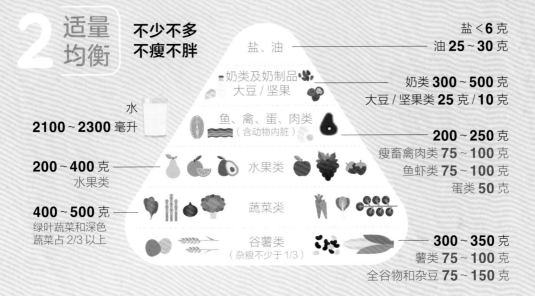

盐、油

盐<**6**克
油**25~30**克

奶类及奶制品
大豆/坚果

奶类**300~500**克
大豆/坚果类**25**克/**10**克

水
2100~2300毫升

鱼、禽、蛋、肉类
（含动物内脏）

200~250克
瘦畜禽肉类**75~100**克
鱼虾类**75~100**克
蛋类**50**克

200~400克
水果类

水果类

400~500克
绿叶蔬菜和深色
蔬菜占2/3以上

蔬菜类

谷薯类
（杂粮不少于1/3）

300~350克
薯类**75~100**克
全谷物和杂豆**75~150**克

3 软烂温热 逐渐过渡到正常饮食

分娩后，第1周产妇肠胃功能弱，食物尽量烹调得软烂些，这样能减轻消化系统的负担。

蔬菜煮软，水果蒸或煮熟，肉切碎，杂粮打成糊。

第2~4周，食物形状和软硬度逐渐过渡到正常，但仍要尽量在温热时吃，因凉了之后有的食物会出现"反生"（淀粉老化回生），体弱的人难消化。

4 清淡少盐 适量"沾点盐"

产后第1周需代谢掉孕期身体多余水分，盐会锁住水分，所以饮食要以清淡为原则。但第2周开始，新妈妈乳汁分泌逐渐旺盛，身体容易缺水，因此适量摄取盐既补充体力又促进乳汁分泌。此时盐可以按正常量来吃，但一定注意不要过量。

利用食物本身风味减少用盐

番茄、柿子椒、洋葱、香菇、茼蒿等食材本身就具有特殊风味，可以用来和别的食材相互取味。柠檬、番茄等也可以增添食物风味，减少盐的使用量。

巧用调料来减盐

豆瓣酱、酱油等调味品都含盐，所以放了这些调味品，就可以不用或少放盐了。另外，醋有增香增味的作用，可提升菜品风味；葱、姜、蒜等也是增香好帮手，适量使用有助于控盐。

5

1 第一章

5 节微课
科学进补，从根源上掌控坐月子饮食健康

2 第二章

产后第1周
清淡饮食，补虚催乳，促进恶露排出

3 第三章 产后8~42天

荤素1:3，疏通乳腺，提高乳汁质量

4 第四章 产后巧调理
选对吃对，远离月子病

5 第五章 巧选厨具
使用专业工具，省时省力

1

第一章 ✕

5节微课

科学进补，从根
源上掌控坐月子
饮食健康

第 1 节课
简单手势测量，一眼看出吃多少

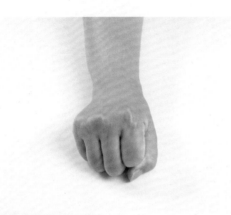

主食

各种主食，包含薯类。
一拳（同身尺寸）相当于 50~
80 克（熟重）
一顿饭吃 1 个拳头大小（粥是指
固体那部分）
一天吃 2~3 个拳头

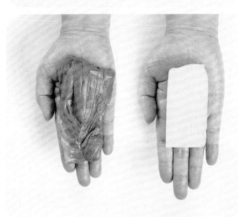

肉类、豆制品、鸡蛋

白肉（鱼肉、鸡肉等）、红肉（猪
瘦肉、牛肉、羊肉等）、大豆制
品和鸡蛋。
一掌心相当于肉类 50~60 克
（生重），豆腐 100 克
一顿吃 1 掌心大小的肉，厚度相
当于小指的厚度
一天吃 3~4 掌心

叶菜、根茎类蔬菜

如圆白菜、芹菜、油菜、菠菜、
胡萝卜、白萝卜等，建议 2~3 种
蔬菜搭配。
能盖住双手的叶菜量约是 100 克
（生重），根茎类蔬菜切块，双手能
捧住的量约为 100 克（生重）
一顿吃 2 掌的量
一天吃 6 掌蔬菜的量

为了保证产后每餐的膳食平衡，可以借助自己的手（同身尺寸）大致测量需要摄入的食物量，轻松掌握坐月子吃的量。

　　每餐食用五大类（谷薯类、肉蛋奶类、蔬菜类、坚果类、油脂类）食物，伸出手量一量，不仅配餐科学合理，还可以同类食物交换吃，有助于食物多样化。

动、植物油

如黄油、猪油、大豆油、花生油、橄榄油等。
一大拇指相当于 8～10 克
每顿吃大拇指体积大小的油量

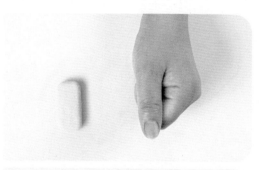

坚果

如核桃、杏仁、腰果等，建议2~3种混合。
半单手捧相当于 10～15 克
一天吃半单手捧的量

水果

如牛油果、草莓、蓝莓、木瓜、苹果等，建议 3~5 种混合。
一单手捧相当于 80～100 克
一顿吃 1 单手捧的量
一天吃 3 单手捧大小的量

饮品

如牛奶、白开水、红豆水等。
一拳相当于 80～100 克
一次喝 1 拳的量
一天喝足 6~8 拳的量
注：牛奶每日喝 300～500 克，相当于占总饮品 1/3 的量。

第 2 节课
营养巧搭配，妈妈恢复快，宝宝"粮仓"足

卧室用餐，配餐营养巧设计

一般产后妈妈因身体虚弱，在卧室里用餐较多，最好选择一个大一点的托盘，既方便来回取餐又方便规划配餐。如选择一个直径为 11 厘米、高 53 厘米的碗（250 毫升牛奶盒高），用来衡量主食类食物的量，肉和主食体积相等，蔬菜和菌类熟后体积是主食的 2 倍，再配上和主食体积一样的汤水，即可满足一餐的营养需求。这样既可保证饮食荤素搭配，饮食又不过量，吃得营养又舒服。

一掌心肉类
猪排骨 + 猪瘦肉
还可选鸡肉、鱼肉、
牛肉、羊肉、鸡蛋、
鹌鹑蛋等

一手指屈体蔬菜
香菇 + 油菜 + 莲藕
还可选萝卜、茄子、
番茄、彩椒、洋葱、
西蓝花、油麦菜等

一拳主食
南瓜 + 薏米 + 玉米
还可选大米、黑米、
小米、藜麦、糙米、
紫薯、红豆、绿豆等

两拳汤水
热牛奶 + 梨水
还可选鲜榨果汁、
红豆水等，避免含
糖饮料

第 3 节课
吃对主食乳汁好，吃得饱不发胖

　　产褥期的妈妈胃肠道蠕动还需要慢慢恢复，特别是剖宫产妈妈，麻醉和手术容易造成肠蠕动减慢。所以产后头一周特别是头 3 天多选择半流质饮食或软食，如小米粥、菜肉粥、汤粉、汤面、馄饨、饺子、小包子等。视具体情况逐渐恢复到普通饮食。

　　乳母每天分泌乳汁需要额外消耗大约 500 千卡热量（1 千卡 = 4.182 焦耳），如孕前需要吃 1600 千卡，哺乳期需要吃 2100 千卡，其中大约 60% 由含碳水化合物丰富的主食来提供。

500 千卡的热量相当于多少食物

80 克米饭 230 千卡 ＋ 200 克青菜 34 千卡 ＋ 200 克煮冬瓜 22 千卡 ＋ 150 克炒鸡胸肉 188 千卡 ＝ **474 千卡**

① 吃米饭要做到粗细搭配

粗杂粮至少占到主食的 1/3，以提供丰富的膳食纤维，增强饱腹感、减少进食量，还能提供矿物质和 B 族维生素，对哺乳妈妈控制体重和提高乳汁质量都有益。不要想尽早控制体重而不吃或少吃主食，每顿至少吃一两（50 克生重）主食。

② 薯类最好代替主食食用

薯类膳食纤维的含量普遍高于精白米面，具有更强的饱腹感，还可促进胃肠蠕动。但是千万不要在吃饱了饭以后再吃一个烤红薯或烤土豆，薯类的进食量也要算入主食中。

③ 少吃白面面条，多吃杂粮面

白面面条 GI（血糖生成指数）高，饿得快，易增加进食量。可选低 GI 的杂粮面，如荞麦面、黑米面等。吃面时要注意：第一要减慢进食速度，给大脑反应时间，避免吃多了；第二要加一些青菜（延缓血糖上升速度）；第三少喝面条汤（避免摄入过多盐分）。

第 4 节课
喝对汤汤水水，营养好吸收，妈瘦娃壮

想要奶水充足，每日摄入的液体量需要 2000~2500 毫升，以保证奶水充沛，总体原则是营养均衡、种类多样、口感清淡、搭配合理。

科学的选择： 去油肉汤、素菜汤、牛奶、白开水、水果汤、粥、羹等，营养各有特点，都能下奶，换着喝也不会腻。

汤量逐步增加

产后不宜过早催乳，下奶前不宜喝下奶汤，一般在分娩 1 周后逐渐增加喝汤的量，以适应婴儿逐渐增加的喝奶量。即使在产后 1 周后也不可无限制地喝汤，正确做法以不引起乳房胀痛为原则。

煮汤巧加辅料

在烹煮汤的时候要注意辅料的选择，可加红枣、花生、黄豆、绿叶蔬菜等。这些辅食不仅能够稀释汤水的油脂，还能令汤的营养更为全面，味道更好。

汤和肉一起吃

应该给产妇多喝一些富含蛋白质、维生素、钙、磷、铁、锌等营养素的汤，如瘦肉汤、蔬菜汤、蛋花汤、鲜鱼汤等。提醒一点，汤和肉要一同吃，这样能摄取更丰富、更全面的营养。

油腻的汤用吸管喝

喝下奶汤前，先撇净油，再用吸管喝（注意等汤晾温后再用吸管，避免烫伤食道），这样可以避免摄入过多油脂（油腻的食物容易增加体重，也容易造成堵奶）。

第 5 节课
灵活加餐，及时供能，消除饥饿感

哺乳的妈妈容易饿，尤其是在喂奶后。但由着自己不停吃，产后滞留的体重怎么减下去又成了大问题。如何吃才能既保证饱腹感，又能健康瘦身呢？

何时加餐

先分辨真正的"饿"

是渴，还是饿

大脑控制饿和渴的信号在下丘脑，有时神经传感会出现混淆，错把渴解读成饿。喂奶后及时喝一些水，稍等15~20分钟再对饥饱做判断，就不会吃进去不必要的热量。

是生理性饿，还是心理性饿

生理性饿会感觉身体没力气、肚子咕咕叫，需靠食物来补充热量。

心理性饿会突然想吃某种特殊质地或味道的食物，多是情绪导致。

建议想吃东西时，暂停3分钟，问问自己："现在到底是因为什么想吃？"

如何加餐　控制时间和比例

母乳喂养的妈妈每天需要补充约 500 千卡额外的热量，超出这个热量会转化成脂肪组织储存起来。

每天 3 次加餐的总热量为 300~500 千卡，每餐约为 150 千卡，最佳加餐时段为上午 9~10 时、下午 3~4 时和晚上 9~10 时。

加餐的营养比例可以采用以下两种比例（碳水化合物：蛋白质：脂肪）。

5 : 3 : 2		适合两餐之间	4 : 3 : 3	
碳水化合物	热量 75 千卡 = 21.6 克大米（生重）		碳水化合物	热量 60 千卡 = 17.3 克大米（生重）
蛋白质	热量 45 千卡 = 13.6 克猪肉（生重）		蛋白质	热量 45 千卡 = 31.0 克鸡肉（生重）
脂肪	热量 30 千卡 = 5.4 克大杏仁		脂肪	热量 45 千卡 = 8.1 克大杏仁

符合上面的营养比例，只需要挑选最佳的食物来源即可。

碳水化合物
红薯、燕麦、土豆、糙米、大米、藜麦、面粉、豆类等。

蛋白质
白肉（鸡、鸭、鱼）、红肉（猪肉、牛肉、羊肉）、低脂乳、大豆及其制品、蛋类等。

脂肪
日常用油（橄榄油、花生油等）、坚果（原味杏仁、开心果等）、深海鱼（三文鱼等）。

加餐可以随意一点儿，一碗燕麦片，一盒酸奶，一小把坚果就是一顿营养加餐，不用太拘泥于形式。

第二章 ✕

产后第1周

清淡饮食，补虚催乳，促进恶露排出

顺产妈妈
产后 1~3 天饮食套餐推荐

第 1 天　恢复体力

早餐

多彩蔬菜羹
✕ **促进食欲**

大白菜、油菜、胡萝卜、鲜香菇切末。锅热倒油，炒香葱末，放入上述食材略炒后倒入清水煮沸，用盐调味，用水淀粉勾芡即可。

西葫芦鸡蛋软饼
✕ **补充体力**

面粉加入鸡蛋、西葫芦丝、盐和清水搅匀，放平底锅中摊平，煎至两面金黄即可。

益母草煮鸡蛋
✕ **活血、排恶露**

鸡蛋和益母草放入锅中一同煮，鸡蛋熟后，剥壳放回锅内，加入红糖调匀即可。

加餐

蒸苹果
✕ **健脾开胃**

苹果切块，放蒸锅蒸 20 分钟。

南瓜小米粥
✕ **健脾养胃**

小米和南瓜丁放锅中加水，用小火熬制 30 分钟即可。

Tips

刚分娩完，体力消耗较大，出汗多，需要补充足够的液体。所以第一餐以易消化、补充水分为主，可适量进食清淡、稀软的食物，除以上推荐，红糖水、藕粉、蛋花汤、鸡蛋羹等都是很好的选择。

午餐

什锦一品煲
✖ 防便秘
锅内放油烧至六成热，煸香姜末、蒜蓉，倒适量蘑菇高汤和清水烧沸，放芦笋段、香菇片、金针菇，开锅后放扇贝肉稍煮，加盐调味即可。

猪肝胡萝卜粥
✖ 养血补肝
锅置火上，放入大米和适量清水煮至米粒熟软，加入猪肝片和胡萝卜丁煮熟即可。

木耳鸭血汤
✖ 滋补气血
锅置火上，加适量清水，煮沸后放入鸭血片、木耳、姜末，再次煮沸后转中火煮10分钟，用水淀粉勾芡，撒上香菜段、盐，淋香油即可。

肉末蒸茄子
✖ 补铁、消肿
将猪肉末用生抽腌一下放在茄子上，放入蒸锅里蒸20分钟，取出，倒掉多余的汤汁，用筷子扎若干个洞或用手撕成细条，滴上香油、醋，放香葱即可。

加餐

热牛奶
✖ 补钙、促进恢复
牛奶放入锅中，加热后饮用。

▷ Tips

产后第二餐既要促进体力恢复，又要易于消化，建议继续食用流质或半流质的食物。一般可选择烂面条、小米粥、瘦肉粥、豆腐、薏仁粥、玉米粥或者蒸鸡蛋羹等。比较油腻的食物先不要吃，比如母鸡汤和棒骨汤，易堵奶。

晚餐

麻油猪肝
✕ 促进子宫收缩
猪肝切片，锅内倒香油（麻油）烧热，放入姜片，转小火炒至姜片皱褐而不焦黑，转为大火，放入猪肝片炒至变色，然后放入米酒煮开即可。

小白菜豆腐汤
✕ 清热解毒
锅中放水，倒入豆腐条煮3分钟，再放小白菜段，水开后放入适量盐调味即可。

红豆包
✕ 补钙强骨
红豆加适量水和冰糖，放入高压锅压制30分钟，制成豆馅；牛奶加温水和适量泡打粉和面，醒发2小时，分成小份，擀皮，放上豆馅包好，上锅醒发20分钟后，蒸10分钟即可。

加餐

核桃黑芝麻糊
✕ 补肾强体
核桃仁和黑芝麻放入豆浆机中加水，制成糊即可。

彩椒炒白玉菇
✕ 促进肠道蠕动
油锅爆香蒜片，放白玉菇略炒，再放彩椒片和柿子椒片，加盐、白糖、蚝油翻炒至熟即可。

> Tips   如不喜欢麻油猪肝的味道，也可换成麻油菠菜，一样可以起到促进子宫收缩的功效。产后吃一些菌类可以促进肠道蠕动，还可以选择鲜香菇、金针菇、蟹味菇等。

第 2 天　唤醒肠胃

早餐

口蘑荷兰豆
※ 补锌、催乳

锅中倒橄榄油，爆香葱花，
放入荷兰豆翻炒，再放入
口蘑同炒，加生抽和盐调
味即可。

疙瘩汤
※ 补体力

锅中倒入高汤、香菇丁、
面球煮熟，加蛋液、盐、
虾仁碎、菠菜段（焯水）
煮熟，最后淋香油即可。

炒苋菜
※ 预防便秘

锅热放油，爆香一半
蒜末，倒入苋菜段，
加盐翻炒，待苋菜出
汤时，加剩下的蒜末，
翻炒均匀即可。

加餐

苹果红枣水
※ 促进脂肪代谢

锅里加入清水、苹果块和红枣
煮开，转小火煮 15 分钟即可。

鲜虾牛奶鸡蛋羹
※ 补虚健体

蛋液中放入虾仁和牛奶，碗口蒙上一层耐
高温的保鲜膜，用牙签扎几个小孔，入蒸
锅，水开后中火蒸 8 分钟即可。

Tips　产后第 2 天，产妇尚处于身体恢复期，肠胃功能比较弱，最好食用易于消
化的流质或半流质饮食，比如小米粥、瘦肉粥、疙瘩汤、蒸鸡蛋羹等。蔬
菜可以选择油麦菜、茼蒿、圆白菜等。

午餐

麻酱花卷
✕ 补钙强体
芝麻酱倒入小碗中，加油、红糖、适量水搅匀，倒在发好的面片上抹匀，卷起，切条，拧成花卷生坯，大火蒸20分钟即可。

猪肝菠菜汤
✕ 补肝养血
起锅热油，炒香葱花，放入猪肝炒变色，加入适量开水，放入枸杞子，待水开后，加入菠菜段（焯水），少许盐调味即可。

胡萝卜芹菜豆腐汤
✕ 增强体力
锅置火上，放适量蔬菜高汤烧沸，放入豆腐片煮3分钟，放入瘦肉片和胡萝卜片、芹菜段，继续煮3分钟，放盐，淋香油调味即可。

加餐

干贝冬瓜汤 + 蒸芋头
✕ 补钙、瘦身、控糖
锅中加适量清水，再加入冬瓜片、干贝（水发后）和盐，煮15分钟即可。芋头洗净上蒸盘，隔水蒸制15~20分钟，用筷子试一下熟透即可。

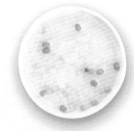

糯米莲子百合粥
✕ 补虚、安神
锅中放入适量清水，放入大米、糯米、莲子、百合、绿豆煮至黏稠，放入适量冰糖，搅拌至化开即可。

▷ Tips　少食多餐在增强营养的同时还能减轻肠胃负担，利于身体恢复，坚持定时定点饮食，不按时吃饭会引起胃肠功能紊乱。鸡蛋富含蛋白质、卵磷脂、B族维生素等成分，易消化吸收，可促进伤口愈合，补充体力。鸡蛋一天吃1~2个即可，过量食用反而会增加消化系统负担。

晚餐

胡萝卜炒圆白菜
※ **促进伤口愈合**

锅热放油，煸香蒜片，放入胡萝卜丝炒至微微发软，再放入圆白菜丝炒软，加入盐，翻炒均匀即可。

彩椒炒肉末
※ **益气强筋**

猪肉馅放入锅中，小火煸炒出油脂，加入蒜末和酱油炒香，放入彩椒片炒熟后即可。

八宝粥

※ **健脾养胃**

将泡过的高粱米、莲子、绿豆、红豆、大米、花生米、核桃仁、桂圆放入锅中，熬煮1小时即可。

加餐

杏仁玉米汁
※ **健脾养胃**

将玉米粒、杏仁片放入豆浆机中，加入适量水，按下"豆浆"键，待玉米汁煮好，加入奶粉，搅拌均匀即可。

▷ Tips

晚餐后活动减少，肠胃蠕动慢，所以在食用晚餐时可以将纯米面类换成带馅的主食，如饺子、包子、馄饨等；还可以增加水分的摄入，如搭配粥或蔬菜汤等。

三鲜水饺
※ **补虚强体**

将虾仁碎、鸡蛋块、木耳末、韭菜末、生抽、盐、香油拌匀制成馅料，用饺子皮包好。饺子生坯煮熟，捞出即可。

早餐

肉末鸡蛋羹

❋ 补虚健体

鸡蛋打散，加水，倒入腌好的肉末，搅匀后放入蒸锅蒸10分钟即可。

麻油菠菜

❋ 润肠通便

菠菜焯水切段，淋上香油（麻油），撒上熟芝麻、盐，趁温热时吃。

燕麦香蕉饼

❋ 防便秘、补体力

将燕麦片、杏仁粉、面粉、盐混合均匀后，加入香蕉泥、红枣泥和适量水搅拌成糊。面糊分成若干小份，小火煎熟即可。

蔬菜玉米粥

❋ 强体瘦身

锅中加适量水，将大米、鲜玉米粒放入锅中煮20分钟，再将平菇片、芹菜丁、胡萝卜丁放入锅中继续熬煮5分钟成粥即可。

加餐

薏米雪梨水

❋ 利肠胃、消水肿

把处理好的雪梨块、胡萝卜块、薏米、水放入锅中小火煮1小时，加冰糖煮化即可。

> Tips

辛辣食物会妨碍伤口的愈合，过咸的食物会导致水肿，过硬的食物会伤脾胃。请继续坚持清淡、温软的饮食原则。

午餐

苋菜笋丝汤

✕ **促便、催乳**

锅热放油，煸香姜末，放胡萝卜丝煸熟，倒入适量蘑菇高汤，大火煮沸后放入笋丝、香菇丝煮3分钟，放苋菜段煮熟，加入盐，淋入香油即可。

西芹花生藕丁

✕ **预防便秘**

藕丁倒入锅内焯水，捞出。锅热放油，爆香葱丝和姜丝，放入西芹段翻炒，接着放入煮花生米、藕丁翻炒均匀，加盐调味，出锅即可。

加餐

莲子薏米甜汤

✕ **祛湿安神**

锅置火上，倒入适量清水，放入莲子、薏米、水发银耳，大火煮沸后改小火煮1小时，加入冰糖，小火煮至化开，搅匀即可。

红豆圆白菜软饭

✕ **解毒、养颜**

把大米、红豆倒入电饭锅内，加适量水蒸熟；圆白菜切丝，焯熟，拌入米饭中即可。

番茄炖牛腩

✕ **强体补虚**

锅热放油，放番茄碎、适量水熬煮成酱，加牛腩块、酱油、盐翻匀，倒入砂锅中加水炖至八成熟，放番茄块炖熟，撒葱花即可。

 Tips　产妇在进餐时可先吃蔬菜类食物，增加饱腹感，然后再喝汤，接着吃主食，最后吃富含蛋白质的肉类食物。这样既能保证营养需要，又能控制进食量，有利于控制体重。

（晚餐）

清蒸鳕鱼
※ 补虚、下乳
鳕鱼块用葱丝、姜丝和少许盐腌渍 15 分钟，放蒸锅蒸熟即可。

上汤娃娃菜
※ 帮助消化
锅热放油，放葱花和姜丝煸出香味，加清水煮开，下草菇块煮 3 分钟，加盐调味，将其淋在蒸好的娃娃菜上，装盘后点缀枸杞子即可。

茄子馅包子
※ 补血强体
面发好后，制成皮，包入用肉末、茄子丁、葱花、姜末、盐调成的馅，包成包子生坯。锅中水烧开，包子生坯上锅蒸 15 分钟即可。

（加餐）

杏仁核桃牛奶露
※ 益智补脑
将泡好的核桃仁和大杏仁放入豆浆机中，按"豆浆"键煮好后，加入牛奶即可。

燕麦山药小米粥
※ 健脾养胃
锅中加水，倒入山药块、小米、燕麦片，大火烧开转小火煮 20 分钟，加入冰糖，再煮 5 分钟，盛入碗中即可。

> Tips　《中国居民膳食指南》推荐产后新妈妈的蛋白质摄入量为每天 95~100 克，所以每天摄入丰富的蛋白质才能满足新妈妈的自身营养并兼顾哺乳新生儿。如鱼类、肉类、牛奶、鸡蛋、大豆类等都是高蛋白食物，可替换着食用。

剖宫产妈妈
产后 1~3 天饮食套餐推荐

第 1 天　补虚健体

第1餐

小米汤
※ 促进肠道蠕动
锅中加水，水是小米的 15 倍左右，水太少会很稠。大火熬制 10 分钟，转小火熬制 15 分钟，关火，闷上 5 分钟即可。

嫩蛋羹（稀）
※ 补虚强体
鸡蛋磕入碗中，用筷子打散，倒入蛋液翻倍量的水继续打散。放入少许盐，搅打均匀，上锅蒸 10 分钟即可。

第2餐

第3餐

藕粉
※ 帮助通气
将藕粉放入碗中，加少许凉白开搅匀，倒入适量开水，直至呈透明糊状即可。

> **Tips**　剖宫产术后 6 小时内禁止饮食和饮水。因为术后药效还没有完全消除，全身反应低下，如果进食，可能会引起呛咳、呕吐等。手术后 6 小时建议饮用米汤、米糊、藕粉、稀粥等流食。忌吃胀气的食物，如豆浆、萝卜汤等。

第 **2** 天　促进排气

早餐

白萝卜汤
✕ **促进排气**
锅内加适量清水烧开，放入白萝卜片煮10分钟，加盐稍煮，放入香葱即可。

猪肝菠菜粥
✕ **补铁生血**
锅内倒水烧开，放大米煮熟，放猪肝片煮熟，再加焯过的菠菜段稍煮，出锅前加盐调味即可。

加餐

牛奶蒸蛋羹
✕ **补虚健体**
鸡蛋磕入碗中，用筷子打散，倒入蛋液1.5倍量的水继续打散。将牛奶倒入蛋液中，搅打均匀，上锅蒸8分钟即可。

> Tips

术后第二天，胃肠功能在慢慢恢复，可吃小米粥、烂面条、馄饨、鸡蛋羹等半流质食物，然后慢慢向软质食物、固体食物转换。注意不要吃得过饱。剖宫产手术后多食会导致腹胀、腹压增高，不利于康复。

午餐

番茄鸡蛋烂面
※ **补虚、缓解疲劳**

锅热放油，爆香葱花，放鸡蛋液滑散，加入番茄丁翻炒2分钟，加足量水烧开后，放入手擀面煮烂熟加盐即可。

加餐

藕粉粥
※ **润肠通便**

大米洗净，放入锅中煮开。大米煮熟时加入藕粉调匀即可。

牛奶蔬菜羹
※ **加速伤口愈合**

西蓝花和芥菜切小块，放入榨汁机中榨汁。将牛奶与蔬菜汁混合倒入锅中，煮沸，加入白糖，搅匀即可。

> Tips　手术后伤口愈合过程中需要胶原蛋白，而胶原纤维的形成需要维生素C的帮助。维生素C存在于各种蔬菜中，如菠菜、大白菜、西蓝花、番茄等。

晚餐

鸡肉胡萝卜馄饨
✖ 补虚强体

将切碎的鸡肉和胡萝卜碎放入碗中，加盐、少许香油搅拌均匀，包入馄饨皮中。锅中加水煮沸后下入小馄饨，煮至浮起熟透，撒葱花即可。

丝瓜蛋花汤
✖ 催乳、补虚

锅热放油，倒入丝瓜条煸炒至变色，加鸡汤、盐和适量水烧沸，淋入鸡蛋液，煮沸后放香油即可。

加餐

牛奶小米粥
✖ 补虚强体

锅内倒水烧开，放小米煮熟，出锅前加牛奶即可。

> Tips

要想伤口快速愈合，除了胶原蛋白，也少不了维生素 B_1 和维生素 B_2 的帮助，它们有助于维护皮肤黏膜的完整性并促进新陈代谢。维生素 B_1 主要存在于豆类、谷类、干果类、动物内脏、瘦肉和蛋黄中，维生素 B_2 在奶类、蛋类、各种肉类、内脏中含量较高。

第 **3** 天　提升机体功能

早餐

紫菜冬瓜汤
❋ **利尿消脂**
锅内加适量清水烧开，放入冬瓜片煮10分钟，加盐、紫菜稍煮，滴入香油即可。

蛋花汤
❋ **补水补气**
鸡蛋打入碗中搅匀；水开后放入鸡蛋液，继续煮开，加盐即可。

加餐

苹果藕粉
❋ **健脾补气**
藕粉放凉白开搅匀，然后倒入刚烧开的水，边倒边搅拌至透明。将苹果去皮、切块，蒸熟后倒入冲好的藕粉中搅拌均匀即可。

鸡肉生菜粥
❋ **补气健脾**
大米放入煮开的水中煮沸，滴入几滴植物油，熬至粥熟，放入鸡肉碎煮一会儿，再放入生菜碎煮熟即可。

> Tips
产后第3天仍以软烂、易消化的食物为主，还可选小米粥、肉末粥、鸡蛋羹、软面条、醪糟蛋花汤、清、淡肉末汤等。

午餐

菠菜银耳汤
✕ 滋阴润燥
砂锅加水煮开，放银耳煮15分钟后，放入焯过的菠菜段稍煮，加盐调味即可。

番茄牛腩手擀面
✕ 补虚强体
所有食材（除手擀面）洗净；油菜切段；牛腩切块，焯水，捞出；番茄去皮，一半切碎，另一半切块。锅置火上，倒油烧至六成热，爆香葱末、姜末，放入番茄碎，大火翻炒几下之后转小火熬成酱，加牛腩块、酱油、料酒、盐翻匀，倒入砂锅中，加水炖至熟烂，放番茄块和手擀面煮至将熟，放油菜段煮熟即可。

加餐

核桃莲藕汤
✕ 补气养血
将莲藕块、核桃仁放入汤锅中，加入适量清水煮15分钟，加入红糖，搅拌化开即可。

> Tips　还可以多吃些软烂的蔬菜和水果，如蒸或煮的苹果、香蕉、橙子、梨；蔬菜优选应季绿色叶菜，煮软，易于消化吸收。

晚餐

香菇鸡丝汤面

✕ **补虚强体**

锅热放油，放葱末、姜末爆香，放鸡丝略微煸炒，再加入香菇丝炒匀，加少许盐，添入适量清水，烧沸后下挂面煮至八成熟，加入菠菜段；将煮鸡蛋剥壳、切成两半，放在面上即可。

奶香肉末白菜汤

✕ **补钙强骨**

锅热放油，倒入肉末炒至肉色发白，倒入适量水，水烧开后倒入牛奶，煮沸后放入小白菜，煮2分钟，菜叶变软加盐即可。

加餐

红豆百合莲子汤

✕ **补血安神**

锅中倒水，放入红豆大火烧沸后转小火煮约40分钟，放入莲子、陈皮煮约30分钟，加百合继续煮约10分钟，加冰糖煮化，搅匀即可。

> Tips

术后第3天的晚餐是过渡到普通饮食的界限，依然忌油腻，这顿的饮食可给予软面条、软米饭、适量青菜、动物内脏和不油腻的瘦肉汤等。

产后 4~7 天饮食套餐推荐

第 4 天　促进恶露排出

早餐

生滚猪肝粥
✕ 滋补气血

猪肝切片，放入姜丝、葱花、盐拌匀，腌渍30分钟。将大米放入开水锅中煮25分钟，放入猪肝片及焯过的菠菜段，大火煮1分钟即可。

双仁拌茼蒿
✕ 预防便秘

锅置火上烧热，分别放入松仁和花生米焙熟；水烧开，放入茼蒿段焯熟，加盐和香油拌匀，放入焙好的花生米和松仁拌一下即可。

紫甘蓝炒鸡丝
✕ 开胃健体

锅热放油，爆香葱花，放入鸡丝和胡萝卜丝煸熟，下入紫甘蓝丝和柿子椒丝翻炒1分钟，用盐、香油调味即可。

黑米面馒头
✕ 补虚强体

酵母用温水化开，倒入面粉和黑米粉中，加适量水制成面团，醒发至2倍大，制成馒头生坯，醒发30分钟后放入沸腾的蒸锅内，蒸15~20分钟即可。

加餐

红豆红薯汤
✕ 利尿通便

锅置火上，加入适量清水和红豆，大火煮开，转中火煮至红豆七成熟，加入红薯块，煮至红豆、红薯全熟即可。

> Tips

高糖分、高油脂的食物尽量少吃，不仅会影响食欲，还可能使热量过剩造成脂肪堆积。多选择一些蔬菜，既可提供丰富的维生素和矿物质，又可提供足量的膳食纤维，预防产后便秘。

午餐

鲈鱼豆腐汤
✕ **补虚下乳**

锅热放油，鲈鱼块煎成金黄，另起锅，放入适量清水，加入姜片烧开，放入豆腐片、鱼块、香菇，炖煮至熟，撒上葱花，加盐调味即可。

杏鲍菇炒小白菜
✕ **消水肿、排恶露**

锅热放油，倒入葱花炒出香味，放入杏鲍菇片和小白菜段翻炒均匀，加盐调味即可。

肉末烧茄子
✕ **增强体力**

锅热放油，爆香葱花、姜末，倒入肉末煸熟，下入茄子块、豌豆翻炒均匀，淋入酱油和适量清水烧至茄子熟透，放盐调味，用水淀粉勾薄芡即可。

加餐

酸奶水果捞
✕ **补充维生素**

各种水果用温水洗净，切小块，放入碗中，倒入事先用温水温热的原味酸奶即可。

香菇胡萝卜面
✕ **促进消化**

锅热放油，爆香葱花，加足量清水大火烧开，放入拉面煮熟，加入香菇片、胡萝卜片和菜心段略煮，加盐调味即可。

▷ Tips　过浓的汤可能导致催奶过剩的后果，乳房会因此而胀痛。所以，喝汤也要循序渐进，如在肉汤中加入豆腐、蔬菜、香菇等配菜，帮助解腻。

晚餐

牡蛎炒鸡蛋

※ 补锌、健骨

牡蛎肉焯水，鸡蛋打散，炒熟。锅热放油，爆香葱花、姜片，下入胡萝卜片和柿子椒片，倒入炒鸡蛋和牡蛎肉同炒，加盐调味即可。

巴沙鱼时蔬糙米饭

※ 补虚下乳

将糙米放入电饭锅中，再放入豌豆、玉米粒和用盐腌好的鱼块，加入比平时略少一些的水，按下"煮饭"键。饭煮好后，根据个人口味加入生抽调味即可。

加餐

花生核桃豆浆

※ 益智健脑

把花生米、核桃仁和浸泡好的黄豆一同倒入全自动豆浆机中，加适量清水，按下"豆浆"键，煮好即可。

百合炒荷兰豆

※ 滋阴促便

锅热放油，爆香葱末、姜末，放入荷兰豆，快速翻炒，再放鲜百合翻炒至熟，加盐即可。

红枣桂圆乌鸡汤

※ 益肾补血

瓦罐中倒入适量清水，放入乌鸡块、红枣、干桂圆、姜片、葱段，大火煮沸后转小火炖1小时，调入盐再煮两三分钟即可。

⟩ Tips　各种汤水不可少，如豆浆、牛奶、粥品、汤羹等，既可补充自身所需水分，又可满足泌乳需求，且易消化吸收，但不可过量。

第 **5** 天　补血下乳

早餐

山药炒芥蓝
※ 滋补强身
芥蓝段、山药块焯水。锅热放油，倒入焯好的山药块和芥蓝段翻炒，出锅前加入少许盐，翻炒均匀即可。

蜂蜜土豆粥
※ 养护肠胃
锅置火上，放入土豆碎和大米，加水煮至粥成，关火至温热，加入蜂蜜，搅拌均匀即可。

加餐

虾皮鸡蛋羹
※ 补钙强体
虾皮洗净，热水烫一下，挤干水分备用；鸡蛋液加温水打匀，倒入炖盅中。鸡蛋液中加入虾皮，上锅中火蒸 8 分钟左右即可。

牛肉胡萝卜蒸饺
※ 益气强筋
牛肉馅加胡萝卜末、葱末、生抽、盐搅拌均匀，制成馅料。面粉加适量温水揉成面团，下剂，擀成饺子皮，包入馅料，捏成饺子，放蒸笼大火蒸 20 分钟即可。

芦笋虾仁藜麦沙拉
※ 促便、控糖
将橄榄油、醋、蒜末、柠檬汁、盐、黑胡椒粉搅匀制成油醋汁，搭配蒸熟的藜麦、芦笋段、虾仁、煮鸡蛋片一起上桌即可。

> Tips　鱼、虾、肉、蛋、奶富含蛋白质，蔬菜、水果等含矿物质、维生素、膳食纤维，每餐保证适量的蛋白质＋碳水化合物＋维生素＋膳食纤维，不仅营养丰富均衡，还有利于乳汁分泌。

午餐

田园比萨
✕ 抵抗疲劳

面粉用温酵母水揉成面团，待面发至原面团2倍大，饼底边缘刷上薄薄一层全蛋液，放烤箱150℃中层烤约10分钟。撒上一层马苏里提奶酪丝，将玉米粒、口蘑片、洋葱丝、柿子椒丝、黄彩椒丝、培根片、黑橄榄片铺上面，再用马苏里提奶酪丝盖住，放入烤箱烤约20分钟。

松仁玉米
✕ 开胃健体

锅热放油，放玉米粒、黄瓜丁炒熟，加盐、白糖，用水淀粉勾芡，加松仁即可。

金针菠菜豆腐煲
✕ 补虚补钙

锅中倒入清水，大火烧开，加入浓汤宝，放入豆腐块转中火煮5分钟，放入去壳鲜虾、金针菇、菠菜段（焯水），煮熟关火，加盐拌匀，淋入香油即可。

加餐

俄式罗宋汤
✕ 开胃、下乳

牛肉块煮熟，撇去浮沫，放入土豆块，煮5分钟，放入圆白菜片，继续煮。锅热倒油，放入胡萝卜块炒香，调入醋、白糖，加入少量水，炖15分钟，倒入番茄块。将胡萝卜块汤倒入牛肉土豆中，转小火炖烂，关火，撒茴香碎、盐，盖盖稍闷即可。

Tips

蒸、煮、炖等烹饪方法会让食材更软烂，更适合产后妈妈，最好不要用传统的煎、炸烹饪法。如想吃比萨、面包、蛋糕等，可以自制低糖少油的。

晚餐

栗子乌鸡汤
❋ 补中益气

锅内放入乌鸡块、栗子肉，加温水（以没过鸡块和栗子肉为宜）置火上，加姜片、葱段，大火煮沸，转小火煮1小时，用盐和香油调味即可。

胡萝卜豆腐包子
❋ 补气补血

胡萝卜碎、豆腐碎、木耳碎、葱末、姜末、盐拌匀，制成馅料。将发酵面团搓条，下剂，擀皮，包入馅料，做成包子生坯。上蒸屉，大火蒸15分钟即可。

生滚鱼片粥
❋ 补虚强体

锅内倒水烧沸，放大米煮成粥，倒入用盐腌渍过的黑鱼片煮3分钟，加葱花、盐调味即可。

加餐

牛奶南瓜糊
❋ 健脾益气

南瓜洗净，沥干水分，去瓤，切薄片，蒸熟后倒入料理机中，加入牛奶，低速打成南瓜牛奶糊即可。

虾仁炒西蓝花山药
❋ 补钙、保护视力

锅热放油，爆香蒜末，放虾仁炒变色，放山药片炒2分钟，放入焯熟的西蓝花，加盐翻炒均匀即可。

> Tips

睡前喝杯温牛奶可改善睡眠质量，这是因为奶制品中含有色氨酸——一种有助于睡眠的物质。牛奶宜搭配富含碳水化合物的食物（如燕麦、荞麦、大米、玉米和高粱等）一起吃，可以作为白天的加餐食用，及时供能，还能补充蛋白质。

第 **6** 天　加速伤口愈合

早餐

素炒三丝
✕ 补充维生素

锅热放油，放入葱花爆香，倒入洋葱丝、胡萝卜丝、芹菜丝翻炒至熟，加盐翻炒均匀即可。

鲜果炖鸡汤
✕ 健脾补虚

鸡肉块、猪瘦肉块、姜片放入锅内，加入适量清水，大火煮沸后转小火煮1小时，加入木瓜块、苹果块、雪梨块、香菇块再煮10分钟，调入盐即可。

滑蛋牛肉粥
✕ 益气强身

锅置火上，加适量清水煮开，放入大米煮至将熟，将牛肉片下锅煮至变色，打入鸡蛋搅散，粥熟后加盐、葱花、姜末、香菜末即可。

加餐

牛奶木瓜汤
✕ 促进子宫恢复

将牛奶、木瓜块、冰糖及适量水放入木瓜盅内，再将木瓜盅放入锅蒸20分钟即可。

绿豆煎饼果子
✕ 增强体力

绿豆面和面粉加入适量水，搅成面糊。平底锅烧热放油，倒入面糊，凝固后，磕入鸡蛋，使蛋液均匀铺在面饼上面，撒黑芝麻，翻面，煎至饼熟，撒上葱花，涂上甜面酱，卷入生菜叶即可。

> **Tips**　新妈妈产后可能会上火，进而影响食欲，产后应该多吃些促进食欲的食物，帮助身体尽快恢复。可选择木瓜、梨、香蕉、苹果、胡萝卜、番茄、山药等炖汤喝，健脾去火。

午餐

丝瓜炒鸡蛋
✕ **补虚催乳**

鸡蛋磕入碗中，打散，炒熟，盛出。锅留底油烧热，爆香姜末、葱末、蒜末，放入丝瓜块翻炒，加入炒鸡蛋块，加盐炒匀即可。

蜜枣白菜羊肉汤
✕ **促进伤口愈合**

羊肉块、蜜枣、杏仁放入锅中，加入适量清水，大火煮沸后转小火煲1小时，加入白菜片略煮，调入盐即可。

田园蔬菜粥
✕ **有益视力**

锅置火上，倒入适量清水大火烧开，加大米煮沸，转小火煮20分钟，下入胡萝卜丁煮至熟烂，倒入西蓝花煮3分钟，再加入盐、香菜末拌匀即可。

奶香燕麦馒头
✕ **补充钙质**

面粉、燕麦片、纯牛奶混合，放入温酵母水，揉成面团，发酵至2倍大。揉成长条，用刀切成大小均匀的剂子，放在蒸锅中醒发30分钟，大火蒸20分钟即可。

加餐

苹果雪梨银耳汤
✕ **健脾、助消化**

锅中放适量清水，放入陈皮，待水煮沸后放入雪梨块、苹果块、银耳煮约25分钟即可。

 Tips　为了补充维生素、缓解便秘，可以吃一些水果，不要吃从冰箱里刚取出来的，如不喜欢吃煮熟的，建议吃苹果、橘子、香蕉，吃前用热水烫一下，对肠胃有好处。

晚餐

香菇油菜

✖ **消水肿、排恶露**

锅热放油，放入葱花爆香，放香菇片加酱油、白糖翻炒均匀，放油菜段炒熟，加盐均匀即可。

胡萝卜炒肉丝

✖ **恢复体力**

锅热放油，用葱丝、姜丝炝锅，下入肉丝翻炒至变色，盛出。锅留底油烧热，放入胡萝卜丝煸炒，加盐和适量水，稍焖，待胡萝卜丝熟时，加肉丝翻炒均匀即可。

排骨玉米莲藕汤

✖ **补中益气**

锅内放入适量清水，放入焯过的排骨段、莲藕片、玉米段、姜片、陈皮、料酒，大火煮沸，转小火煲 2 小时至材料熟烂，加盐调味即可。

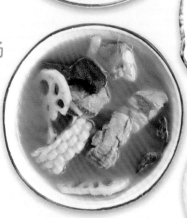

加餐

山楂红糖水

✖ **开胃助消化**

山楂去核，和红糖一起放入炖盅，加水，放入蒸笼中，炖30 分钟即可。

南瓜薏米饭

✖ **健脾养胃**

将大米、薏米、南瓜块和适量清水放入电饭锅中。按下"煮饭"键，蒸至电饭锅提示米饭蒸好即可。

 Tips　有些妈妈这时食欲有所增加，就大肆地吃喝，只要自己喜欢的就狂吃。殊不知，不挑食、不偏食比大补更重要。主食建议粗细搭配，除了大米，还可以加入小米、玉米粒、红豆、黑豆等一起做成杂粮饭。

第 **7** 天　开胃强体

早餐

荠菜虾仁馄饨

※ 促进身体恢复

鸡蛋炒成小块，加荠菜末、虾仁碎、盐、生抽、香油拌匀，制成馅料。取馄饨皮，包入馅料，做成馄饨生坯，煮熟，放入紫菜微煮，撒上葱花即可。

百合鸡蛋汤

※ 滋阴润燥

干百合提前泡软。锅置火上，放入百合，加鸡汤大火煮沸后转小火煮 10 分钟，淋入鸡蛋液搅成蛋花，加盐调味即可。

茄汁菜花

※ 增强食欲

锅热放油，倒入番茄块翻炒至软，倒入菜花，加盐调味即可。

加餐

豌豆虾仁粥

※ 补充体力

锅中倒入清水加热至水沸，放入大米煮 25 分钟，加入豌豆煮至熟，再放入虾仁煮 2 分钟即可。

红枣蒸南瓜

※ 健脾益气

蒸锅置火上，放入南瓜片、红枣，蒸约 30 分钟，至南瓜熟烂即可。

> ♡ Tips　产后第 7 天，催乳就要被提上日程了，乳汁分泌不好的新妈妈应该想办法催乳了，可以多喝汤。除了百合鸡蛋汤，还可以选鱼头豆腐汤、酒酿鸡蛋汤、花生猪脚汤、排骨汤、海带豆腐汤等。

玉米蔬菜沙拉

❋ **预防便秘**

将胡萝卜丁、玉米粒焯水沥干，将黄瓜丁、圣女果片连同焯好的二丁一齐装入碗中，加入酸奶拌匀即可。

蔬菜鸡蛋饼

❋ **滋阴润燥**

油菜碎、胡萝卜丁、火腿丁中打入2个鸡蛋，加少许盐拌匀。平底锅加少许油热锅，倒薄薄一层蔬菜鸡蛋液，凝固后从边缘铲起，切块即可。

洋葱烧猪扒

❋ **补血强体**

猪扒用盐和黑胡椒粉腌4~5小时。锅热放油，将猪扒煎至金黄色，盛起。爆香洋葱丝，炒软后放在猪扒上即可。

豌豆豆腐羹

❋ **补虚补钙**

将豆腐块、鸡肉块、番茄块、豌豆放入锅中，大火煮沸后转小火煮5分钟，加盐调味，淋上香油即可。

藜麦蔬菜粥

❋ **健脾养胃**

锅中加水，放入藜麦、大米，煮15分钟，放入胡萝卜丁、山药丁、玉米粒，煮10分钟，放入油菜碎即可。

 Tips

新妈妈的身体逐渐恢复，但照顾宝宝很消耗体力，如果钙质摄取不足，就非常容易出现失眠以及肌肉酸痛等症状。含钙丰富的食物有牛奶、芝麻、豆腐等。

山药鲈鱼

※ **补虚健体**

锅热放油，放入鱼头、鱼骨翻炒，倒入沸水，放入山药块、鱼片，大火烧开，改中小火炖至汤成奶白色，放入裙带菜丝、枸杞子，稍炖几分钟，加少量盐调味即可。

炝炒空心菜

※ **润肠通便**

锅热放油，下蒜蓉爆香，倒入空心菜段，加盐煸炒至熟即可。

油菜虾仁粥

※ **通乳、润肠**

锅置火上，倒入鸡汤和适量清水煮开，倒入大米，大火煮沸，转小火熬煮至粥黏稠。将虾仁放入粥中，略煮片刻后加入油菜段，放盐调味即可。

红枣南瓜发糕

※ **易于消化**

南瓜去皮、瓤，蒸熟后捣成南瓜泥，凉凉后加入面粉，倒入酵母粉和水揉成面团，放置发酵；红枣去核去皮，切碎。面团发至2倍大时，加入红枣碎、核桃碎，上锅蒸30分钟，凉凉后切小块。

黑芝麻糊

※ **补肾固发**

将黑芝麻和浸泡后的糯米放入豆浆机中，加适量水，按下"米糊"键，煮好即可。

> Tips

虽然饮食恢复至正常，可以吃鲤鱼、鲫鱼、薏米、香菇、白萝卜、南瓜等营养丰富的食物，但是依然不要吃过于油腻的食物，盐要少放，否则乳汁进入宝宝体内，会影响宝宝的肾脏发育。

不哺乳的妈妈小心饮食误区

 误区1　不喂奶，就不用吃月子餐

有些妈妈觉得不喂奶，恢复产前饮食也可以，对身体不会有太大危害。尽管新妈妈因某些原因不喂奶，还是建议吃月子餐，通过食物来给身体补充一定的营养，让身体能更快地复原，恢复足够的精力。

 误区2　产后不哺乳，可以尽快节食减肥

生完宝宝后新妈妈体内流失大量营养，身体会很虚弱，需要调养好，此时不适合节食减肥。因为某些原因，不打算喂奶的新妈妈可以选择能帮助调理身体、让身材很快复原的月子餐，比如鸽子汤、银耳羹、人参茶、蒸鸡蛋等。

 误区3　不喂奶，坐月子饮食不用忌口

肯定是不行的，还是要按照坐月子的吃法，多吃清淡的，多喝汤，少吃或不吃辛辣食物，多吃蔬菜瓜果，防止便秘。少食多餐，避免发胖。按顿数饮水，不要超量。

此外，不哺乳的妈妈月子餐的主攻方向也是补气血，有助于补气血的食物可适量多吃。

Tips

建议新妈妈不要为了快速瘦身而不给孩子喂奶，因为母乳中的免疫因子可以帮助宝宝抵抗病毒和细菌，其中的营养物质，容易被宝宝消化和吸收。新妈妈只要在哺乳期间不吃太多油腻的食物，均衡饮食是不会长太胖的。加上每天都在带孩子，需要耗费精神和体力，这样瘦下来会更快。新妈妈不要给自己太大的压力，月子期不要着急瘦身。

第三章 ✂

产后8~42天

荤素1:3，疏通
乳腺，提高乳汁
质量

一煲好汤
搭配丰富，滋补身体，增加奶水又瘦身

快汤

瘦肉竹笋干贝羹　　滋阴补肾

材料 ╳ 猪瘦肉150克，竹笋50克，干贝30克，鸡蛋1个，枸杞子10克。

调料 ╳ 盐、葱花、高汤各适量。

做法 ╳

1 猪瘦肉洗净，切末；鸡蛋打散备用；竹笋去老皮，洗净，切丁；干贝、枸杞子分别洗净，干贝泡软。

2 锅热放油，放葱花、猪肉末翻炒，倒高汤，加竹笋丁、干贝、枸杞子，煮至干贝熟透，调入盐，淋入蛋液稍煮即可。

香菇猪肉圆子汤　　调节免疫力

材料 ╳ 油菜、珍珠小汤圆各100克，猪里脊肉60克，鲜香菇2朵。

调料 ╳ 葱末、姜丝、香菜末各少许，盐适量。

做法 ╳

1 油菜、猪里脊肉分别洗净，油菜切段，里脊肉切丝；香菇洗净，去蒂，切片。

2 锅热放油，爆香葱末、姜丝，放入肉丝翻炒，加香菇片，略翻炒。

3 锅内加适量水烧开，放入珍珠小汤圆煮至浮起，加油菜段、盐，撒入香菜末即可。

黄豆芽鸡丝汤　　　益肝补气

材料 ✕ 黄豆芽、鸡胸肉各 100 克。

调料 ✕ 盐适量，蒜片、姜丝、葱丝、香菜末各少许。

做法 ✕

1 鸡胸肉洗净，用沸水煮熟，撕成丝；黄豆芽洗净，去根须。

2 锅热放油，放蒜片炒香，倒入适量清水，放黄豆芽煮 5 分钟，放入鸡肉丝，加姜丝、葱丝，煮沸后撇去浮沫，放盐，撒上香菜末即可。

菠菜鸽片汤　　　促食欲、通气血

材料 ✕ 净鸽肉 100 克，菠菜 150 克，鸡蛋 1 个。

调料 ✕ 淀粉、盐、生抽、香油各适量。

做法 ✕

1 菠菜择洗净，焯水，捞出过凉，切段；鸽肉洗净，切片；鸡蛋打入碗中，搅匀。

2 鸽片放入锅中，加入鸡蛋液、淀粉拌匀上浆备用。

3 锅内倒入适量水煮沸，放入鸽片，煮熟后放入菠菜段、盐、生抽、香油搅匀即可。

虾仁鱼片豆腐汤　　通乳、消肿

材料 ✕ 鱼肉80克，虾仁、芥蓝各100克，豆腐200克，山药、番茄各50克。

调料 ✕ 蒜片、姜片、葱花、盐各少许，生抽适量。

做法 ✕

1 所有需洗食材洗净，虾仁去虾线，鱼肉切片，豆腐切块，山药切块，芥蓝切段，番茄切块。

2 锅热放油，爆香蒜片和姜片，放入番茄块翻炒，再加入豆腐块、山药块和适量清水烧开，放入虾仁、鱼肉片、芥蓝段稍煮，加盐、生抽搅匀，撒葱花盛出即可。

虾仁丝瓜汤 通乳补气

材料 ⚬ 丝瓜 200 克，虾仁 100 克。

调料 ⚬ 蒜末少许，盐、水淀粉各适量。

做法 ⚬

1 虾仁洗净，去虾线，放入碗中；丝瓜去皮，洗净，切块。

2 锅热放油，爆香蒜末，放入丝瓜块翻炒至变色，倒入适量清水煮沸，放入虾仁，待虾仁变红，加入盐调味，用水淀粉勾芡即可。

芙蓉海鲜羹 补钙、增乳

材料 ⚬ 虾仁 100 克，水发海参、蟹棒各 80 克，豌豆 50 克，鸡蛋 1 个，牛奶适量。

调料 ⚬ 盐、水淀粉各适量，姜末少许。

做法 ⚬

1 虾仁洗净，去虾线；蟹棒切小丁；海参洗净，切条；豌豆洗净，煮熟；鸡蛋取蛋清搅匀。

2 锅内倒入适量清水，加入牛奶、虾仁、蟹棒丁、海参条、豌豆、姜末大火烧开，加入盐，用水淀粉勾芡，倒入鸡蛋清搅匀即可。

牡蛎香菇冬笋汤　　补锌、促便

材料 ※ 牡蛎 200 克，鲜香菇、冬笋、
　　　　豌豆各 50 克。

调料 ※ 盐、香油、清汤各适量，姜末、
　　　　葱花各少许。

做法 ※

1 鲜香菇、冬笋分别洗净，用沸水焯
一下，捞出切片；牡蛎取肉，洗净
泥沙；豌豆洗净。

2 锅内加清汤烧开，放入豌豆、牡蛎
肉、香菇片、冬笋片、姜末、葱花
煮沸，滴入香油，加盐即可。

牡蛎萝卜丝汤　　补气、下奶

材料 ※ 白萝卜 150 克，牡蛎肉 100 克。

调料 ※ 姜丝、葱花各少许，盐、香油
　　　　各适量。

做法 ※

1 白萝卜去根须，洗净，切丝；牡蛎
肉洗净泥沙。

2 锅中加适量清水烧沸，倒入白萝卜
丝煮至九成熟，放入牡蛎肉、姜丝，
煮至白萝卜丝熟透，用盐调味，淋
上香油，撒上葱花即可。

三丝豆腐汤　　滋补暖身

材料 ✕ 白菜100克，豆腐250克，胡萝卜50克，鲜香菇2朵。

调料 ✕ 葱末5克，盐适量。

做法 ✕

1 白菜、香菇分别洗净，切丝；胡萝卜洗净，去皮，切丝；豆腐洗净，切条，用淡盐水浸泡5分钟。

2 锅热放油，爆香葱末，放入白菜丝、胡萝卜丝、香菇丝略翻炒。

3 另起锅，加入适量清水烧开，放入炒过的食材，大火煮3分钟，放入豆腐条煮2分钟，加入盐调味即可。

✕ 选择老豆腐营养更好 ——————

北豆腐又称老豆腐，以盐卤为凝固剂制成，特点是硬度较大、韧性较强，含水量低于南豆腐，蛋白质等营养成分比南豆腐（嫩豆腐）高。

莲藕胡萝卜汤　　养血、开胃

材料 ✕ 莲藕 200 克，花生米 20 克，胡萝卜半根，鲜香菇 3 朵。

调料 ✕ 高汤、盐各适量。

做法 ✕

1 莲藕洗净，去皮，切块；胡萝卜去皮，洗净，切滚刀块；花生米用温水泡 2 小时，去皮；鲜香菇洗净，去蒂，切块。

2 锅热放油，放入香菇块煸香，放入胡萝卜块略翻炒，倒入高汤，大火烧开后放入藕块、花生米，煮 10 分钟，放入盐调味即可。

圆白菜胡萝卜汤 增进食欲

材料 ※ 圆白菜 150 克，胡萝卜、番茄各 50 克。

调料 ※ 葱段、姜末各少许，盐、香油各适量。

做法 ※

1 圆白菜洗净，沥干，切长条；胡萝卜洗净，切小块；番茄洗净，切块。

2 锅热放油，放入葱段、姜末爆香，放入胡萝卜块、番茄块翻炒至七成熟，加入圆白菜条翻炒几下，倒入适量清水煮沸，加盐，滴入香油即可。

番茄枸杞玉米羹 防便秘

材料 ※ 鲜玉米粒 100 克，番茄 50 克，枸杞子 10 克，鸡蛋 1 个。

调料 ※ 盐、香油、水淀粉各适量。

做法 ※

1 鲜玉米粒洗净；番茄洗净，去蒂，切块；枸杞子洗净；鸡蛋打散备用。

2 锅内倒入适量水，加入番茄块、鲜玉米粒大火烧开，转中小火煮 3 分钟，放入枸杞子煮沸，用水淀粉勾芡，加入鸡蛋液搅匀，加盐，滴香油即可。

银耳木瓜排骨汤   催乳

材料 ※ 猪排骨 400 克，干银耳 10 克，
木瓜 150 克。

调料 ※ 盐适量，葱段、姜片各少许。

做法 ※

1 干银耳泡发，洗净，撕小朵；木瓜
去皮除子，切小块；排骨洗净，剁
小段，用沸水焯一下。

2 锅内加入适量清水烧开，放入排骨
段、葱段、姜片大火烧开，放入银
耳，转小火慢炖约 1 小时。

3 把木瓜块放入锅中，继续炖 15 分
钟，放入盐调味即可。

豆腐虾皮排骨汤   补钙、催乳

材料 ※ 猪排骨 400 克，豆腐 300 克，
虾皮 5 克，洋葱 50 克。

调料 ※ 姜片少许，盐适量。

做法 ※

1 排骨洗净，剁成段，用沸水焯水，
撇去浮沫，捞出沥干；豆腐切块；
洋葱去老皮，洗净，切片；虾皮泡
洗干净。

2 将排骨段、姜片放入锅内，加适量
水大火烧开，转小火继续炖煮至九
成熟，加豆腐块、虾皮、洋葱片，
继续小火炖煮至熟，加盐调味即可。

胡萝卜牛蒡排骨汤 调节免疫力

材料 ※ 猪排骨400克，胡萝卜、牛蒡各100克，玉米1根。

调料 ※ 葱段、姜片各15克，盐适量。

做法 ※

1 猪排骨洗净，剁成段，用沸水焯去血沫，冲洗干净；牛蒡去皮，切小段；玉米洗净，切小段；胡萝卜洗净，切块。

2 把猪排骨段、牛蒡段、玉米段放入锅中，加入葱段、姜片和适量清水大火烧开，转小火炖1小时，放入胡萝卜块继续炖15分钟，加盐调味即可。

※ 恰当处理牛蒡，防止氧化

牛蒡削皮切段后，如果长时间不烹调，会被氧化。在清水中滴入几滴醋，将牛蒡放入水中，可以减慢牛蒡氧化速度。

莲藕海带煲腔骨　　**滋补身体**

材料 ※ 莲藕 150 克，猪腔骨 300 克，水发海带、胡萝卜各 100 克。

调料 ※ 盐适量，姜片少许。

做法 ※

1 莲藕去皮，洗净，切块；海带洗净，切小片；猪腔骨洗净，剁小块，焯去血水；胡萝卜去皮，洗净，切滚刀块。

2 将上述处理好的食材放入锅中，放入姜片，加入适量清水，大火烧开后转小火炖约 1.5 小时，加盐调味即可。

※ **猪腔骨 + 莲藕，补虚养血** ————

猪腔骨富含蛋白质，搭配莲藕、玉米煲汤食用可以补虚养血，适合产后食用。

玉米棒骨汤　　**强筋壮骨**

材料 ✕ 鲜香菇100克，玉米棒250克，猪棒骨1根。

调料 ✕ 姜片、香菜段各少许，盐适量。

做法 ✕

1 猪棒骨剁成段，洗净，用沸水焯去血水；鲜香菇洗净，去蒂，切块；玉米棒洗净，剁段。

2 锅内放入猪棒骨段、香菇块、玉米段，加适量清水和姜片大火烧开，转小火慢炖1.5小时，撇去浮沫，加盐，撒上香菜段即可。

胡萝卜雪梨炖瘦肉　　**润肺嫩肤**

材料 ✕ 猪瘦肉400克，雪梨1个，胡萝卜半根。

调料 ✕ 姜片、盐各适量。

做法 ✕

1 猪瘦肉洗净，切小块，焯水；雪梨洗净去核，切小块；胡萝卜洗净，切片。

2 锅中加入水，放入瘦肉块、雪梨块、胡萝卜片、姜片，大火煮30分钟，加盐调味即可。

✕ **雪梨 + 瘦肉 + 胡萝卜，**

　补益身体效果好

雪梨是润肺食物，胡萝卜中的胡萝卜素有调节人体免疫力的作用，猪瘦肉可滋阴、补血。此汤既可以起到润肺的作用，还有很好的补益效果。

杜仲核桃猪腰汤　　补肾壮骨

材料 ✕ 猪腰1对，杜仲、核桃仁各30克。

调料 ✕ 香油、盐各适量。

做法 ✕

1 猪腰洗净，从中间切开，去掉白色筋膜，切片。

2 将猪腰片、杜仲、核桃仁放入锅中，加入适量清水大火烧开，转小火炖1.5小时，滴入香油，加盐调味即可。

✕ **挑选新鲜猪腰，避免病从口入**

新鲜的猪腰表面具有光泽和弹性，颜色呈淡褐色，肌肉组织比较结实；不新鲜的猪腰呈灰绿色，肌肉组织的弹性也比较差，还可能带有一股臭味。

佛手猪肚汤　　补虚损、健脾胃

材料 ✕ 猪肚 1 个，佛手 100 克。

调料 ✕ 姜片少许，盐适量。

做法 ✕

1 猪肚去肥油，洗净；佛手洗净，切片。

2 锅中加入适量清水，放入姜片，大火烧开，放入猪肚煮沸，捞出，切条。

3 另起锅，加入适量清水，放入姜片、猪肚条，大火烧开后转小火炖 1 小时，放佛手片煮 10 分钟，加盐调味即可。

猪肝决明子汤　　补血养肝

材料 ✕ 猪肝 200 克，决明子、枸杞子各 5 克。

调料 ✕ 姜片、盐各适量。

做法 ✕

1 猪肝洗净、擦干，切成薄片。

2 锅中加水，烧开后放入猪肝片、决明子、枸杞子、姜片，炖煮 40 分钟，待熟后，加盐调味即可。

✕ **猪肝 + 决明子 + 枸杞子，**

　补血又养肝 ———

猪肝可以补肝明目；决明子可以平抑肝阳，降血压；枸杞子可以滋肝补血。三者搭配，可以达到清肝明目、滋补强身的作用。本汤不宜长时间连续大量食用，因为猪肝与枸杞子中维生素 A 的含量都非常高，过量食用易引起维生素 A 中毒。

南瓜牛肉汤　　　补中益气

材料 ✕ 南瓜 200 克，牛肉 250 克。

调料 ✕ 盐适量，姜丝少许。

做法 ✕

1 南瓜去皮和瓤，洗净，切块。

2 牛肉洗净，去筋膜，切块，用沸水焯去血水，待变色后捞出。

3 锅内倒入适量清水，大火烧开，放入牛肉块和姜丝煮沸，转小火炖 1 小时，加入南瓜块继续炖 30 分钟，加盐调味即可。

补气牛肉汤　　　健脾胃、补气血

材料 ✕ 牛 肉 300 克， 山 药 200 克，芡实 50 克，黄芪、桂圆肉、枸杞子各 10 克。

调料 ✕ 葱段、姜片各少许，盐适量。

做法 ✕

1 牛肉洗净，切块，用沸水焯去血水，捞出沥干；山药洗净，去皮，切块；芡实、黄芪用刀拍松；桂圆肉、枸杞子洗净。

2 锅内倒入适量清水，加入牛肉块、山药块、芡实、黄芪、葱段、姜片，大火烧开后转小火慢炖 1.5 小时，放入桂圆肉、枸杞子，继续炖 20 分钟，加盐调味即可。

茶树菇土鸡瓦罐汤　　**补虚养血**

材料 ✕ 去皮土鸡腿250克，黄豆芽100克，芥蓝150克，茶树菇50克。

调料 ✕ 姜片、葱段各少许，盐适量。

做法 ✕

1 所有需洗食材洗净，鸡腿剁块，放入凉水锅焯烫，冲去浮沫，芥蓝切段。

2 土鸡腿块、茶树菇、葱段、姜片放入瓦罐中，加适量清水，盖上盖，小火煨1小时，撇去浮沫和油，放入黄豆芽和芥蓝段再煨5分钟，放盐调味即可。

✕ 鸡肉去皮吃，更健康

去皮鸡肉脂肪少，因为鸡的脂肪几乎都在鸡皮中，所以鸡肉去皮后脂肪大大减少，但蛋白质不减。

栗子乌鸡汤　　　　　修复组织

材料 ⊠ 净乌鸡 400 克，栗子 200 克。

调料 ⊠ 葱末、姜片各少许，盐、香油
各适量。

做法 ⊠

1 净乌鸡洗净，剁块，用沸水焯一下；
栗子去壳，洗净。

2 锅内放入乌鸡块、栗子肉、姜片，
加入适量温水，大火烧开后转小火
煮 1 小时，撒葱末，用盐和香油调
味即可。

⊠ 乌鸡 + 栗子，调节免疫力 ———

乌鸡具有滋阴清热、健脾止泻等功效，再
搭配上栗子，此汤可以滋阴补气、调节身
体免疫力。

八宝滋补鸡汤　　　　益气补血

材料 ⊠ 三黄鸡 1 只，山药、胡萝卜、
荸荠各 100 克，玉米笋 50 克，
薏米 20 克，红枣 2 枚。

调料 ⊠ 盐适量，陈皮少许。

做法 ⊠

1 薏米洗净，浸泡 2 小时；三黄鸡处
理干净，切大块，用沸水焯一下；
山药、胡萝卜、荸荠分别去皮，洗
净，切块；玉米笋、陈皮、红枣洗净。

2 锅热放油，将鸡块放入翻炒至变色，
将剩余材料放入锅中，加入陈皮，
大火烧开后转小火炖 1 小时，加盐
即可。

芡实薏米老鸭汤　　**健脾益胃**

材料 老鸭1只，芡实30克，薏米
　　　 50克。

调料 姜片、盐各适量。

做法

1 薏米、芡实洗净，清水浸泡4小时；
老鸭处理干净，剁成块。

2 将鸭块、姜片放入锅内，加适量清
水大火烧开，加入薏米和芡实，转
小火炖2小时，加盐调味即可。

※这样处理，可确保鸭肉不腥

在处理老鸭时，要将鸭腹腔内的血块、筋
膜彻底清理干净，这样炖出来的鸭汤没有
腥味，味道鲜美。

莲藕鸭肉煲　　　**补气养血**

材料 ※ 鸭肉 250 克，莲藕 100 克。

调料 ※ 姜片、葱段各少许，盐适量。

做法 ※

1 鸭肉洗净，切小块，用沸水焯一下；莲藕洗净，去皮，切片。

2 锅内加入适量清水，放入鸭块、莲藕片、姜片、葱段，大火烧开后（撇去浮沫）转小火炖 1.5 小时，加盐调味即可。

※ **莲藕 + 鸭肉，营养互补吸收好** ——

鸭肉富含蛋白质，莲藕富含碳水化合物，二者在营养上互补。若选去皮鸭肉与莲藕煲汤，更适合产后运动少想控制体重的妈妈食用。

萝卜鸽肉汤　　　**滋补气血**

材料 ※ 乳鸽 250 克，白萝卜 100 克。

调料 ※ 葱末、香菜末各少许，盐适量。

做法 ※

1 乳鸽去头、爪、内脏，洗净，切块，用沸水焯一下；白萝卜洗净，切块。

2 锅热放油，放入葱末爆香，放入鸽肉块翻炒均匀，加入适量清水炖煮至鸽肉块八成熟，倒入白萝卜炖至熟烂，加盐，撒上香菜末即可。

※ **白萝卜 + 鸽肉，补虚益气** ——

中医认为鸽肉有补肝壮肾、益气补血等功效，现代营养学证明鸽肉富含蛋白质，脂肪含量低；白萝卜有补中益气的作用，较适合体弱气虚的产后妈妈食用。二者搭配食用，有补肝肾、益精血的作用。

奶白鲫鱼汤　　　　补虚催奶

材料 ※ 鲫鱼1条。

调料 ※ 姜片、葱花各少许，盐适量。

做法 ※

1 鲫鱼处理干净，鱼身上斜划几刀。

2 锅热放油，下入鲫鱼，小火慢煎，将鲫鱼煎至两面变微黄。

3 下入姜片继续慢煎，加入开水没过鲫鱼，开大火煮10分钟。

4 鱼汤里再加适量盐调味，盛出，撒上葱花即可。

> Tips

如果鲫鱼汤想喝清淡一些的，可以煎后，另起锅，放水烧开后，再将煎好的鲫鱼放入煮，这样汤会更清淡一些。

奶香薏米南瓜汤　　健脾养颜

材料 ✕ 南瓜 200 克，薏米 50 克，胡
萝卜半根，牛奶 150 克。

调料 ✕ 白糖适量。

做法 ✕

1 薏米洗净，清水泡 4 小时；南瓜去
皮除子，洗净，切块，蒸熟，放入
料理机内打成泥；胡萝卜洗净，切块。

2 锅内倒入适量清水，放胡萝卜块，
烧开后煮 20 分钟，将胡萝卜块碾成
泥，将薏米倒入锅中煮至熟烂，加
入南瓜泥，煮 10 分钟，加白糖、牛
奶调味即可。

百合绿豆汤　　清热、安神

材料 ✕ 绿豆、鲜百合各 50 克。

调料 ✕ 冰糖适量。

做法 ✕

1 绿豆洗净，清水浸泡 4 小时；鲜百
合去除枯黄的瓣，削去老根，分瓣，
洗净。

2 锅内加入适量清水，大火烧开后放
入绿豆煮沸，转小火煮至绿豆开花、
软烂，放入百合煮熟，加冰糖煮化
即可。

冰糖炖木瓜银耳　　润肺、消食

材料 ※ 木瓜 200 克，干银耳 5 克，南杏仁、北杏仁各 10 克。

调料 ※ 冰糖适量。

做法 ※

1 木瓜去皮除子，切小块；干银耳用清水泡发，去蒂，洗净；南杏仁、北杏仁均洗净。

2 将木瓜块、银耳、南杏仁、北杏仁、冰糖放入锅中，加适量清水炖 30 分钟即可。

※ 银耳块越小，胶质出得越多 ———

炖煮银耳时建议尽量将其撕碎或者剪碎，因为剪得越碎，接触面积越大，越容易出胶。

山楂荔枝桂圆汤　　益气逐瘀

材料 ✖ 山楂肉、荔枝肉各50克，桂圆肉20克，枸杞子5克。

调料 ✖ 红糖适量。

做法 ✖

1 山楂肉、荔枝肉洗净；桂圆肉、枸杞子分别浸泡5分钟，洗净。

2 锅内倒入适量清水，放入山楂肉、荔枝肉、桂圆肉，大火烧开后转小火煮约20分钟，加枸杞子继续煮5分钟，加入红糖搅匀即可。

✖ 避免用铁锅，以免汤色发黑

烹制此汤最好不要用铁锅，因为山楂含果酸较高，遇铁后会使汤色变黑。另外，尽量选购表面没有黑斑、磕碰的大个儿新鲜山楂。储存时需要注意，鲜山楂冷藏保存，山楂干放在干燥通风处保存。

红豆百合莲子汤　利尿、安神

材料 ※ 红豆60克，莲子（去心）40克，百合10克。

调料 ※ 陈皮少许，冰糖适量。

做法 ※

1 红豆和莲子分别洗净，浸泡2小时；百合泡发，洗净；陈皮洗净。

2 锅中倒水烧开，放入红豆，大火烧沸后转小火煮约40分钟，放入莲子、陈皮煮约30分钟，加百合继续煮约15分钟，加冰糖煮开，搅匀即可。

※红豆＋百合＋莲子，利尿又安神 ——

红豆可以利尿消肿，搭配百合、莲子煲汤食用，有利尿、安神的作用。

银耳莲子雪梨汤　清心除烦

材料 ※ 雪梨200克，莲子30克，枸杞子10克，干银耳5克。

调料 ※ 冰糖适量。

做法 ※

1 银耳泡发，去蒂，撕小朵；莲子洗净；枸杞子洗净；雪梨洗净，去核，切块。

2 将银耳、莲子放入锅中，加适量清水，大火烧开后转小火煮至发黏，放入雪梨块、枸杞子、冰糖，继续煮至银耳软烂即可。

※轻松煮出银耳中的胶质 ——

要想银耳汤煮出来黏稠，最好用凉水泡发一夜，让银耳吸足水分，还要把银耳切碎。

红枣菊花养颜汤　　润肤养颜

材料 ✳ 桂圆50克，红枣5枚，菊花5克。

调料 ✳ 冰糖适量。

做法 ✳

1 红枣去核，洗净；桂圆洗净；菊花泡洗干净。

2 锅内倒入适量清水，放入红枣、桂圆，大火烧开后转小火煮15分钟，加冰糖煮化，放入菊花稍浸泡即可。

✳ **适当喝点菊花汤，清热解毒** ———
菊花具有清热解毒的作用，菊花煮水是产后新妈妈补充水分的不错选择。

红枣山药羹　　　　　　补肾健脾

材料 ✕ 山药 150 克，红枣 10 枚。

调料 ✕ 白糖、水淀粉各少许。

做法 ✕

1 山药去皮，洗净，切小丁；红枣洗净，去核，切碎。

2 锅内倒入适量清水烧开，放入山药丁，煮沸后转小火煮至五成熟，放入红枣碎煮至熟软，加白糖，用水淀粉勾芡即可。

✕ **选重一点儿的山药，品质佳** ─────

选购山药时掂一掂重量，大小相同的山药较重的品质更佳。

桂圆莲子八宝汤　　　清心除烦

材料 ✕ 桂圆 25 克，莲子、薏米各 40克，芡实、干百合、沙参、玉竹各 20 克，红枣 5 枚。

调料 ✕ 冰糖适量。

做法 ✕

1 薏米、芡实洗净，浸泡 4 小时；百合洗净，泡软；其他材料洗净备用。

2 煲中放入芡实、薏米、莲子、红枣、沙参、玉竹，加入适量清水，大火煮沸，转至小火慢煮 1 小时，再加入百合、桂圆肉煮 20 分钟，加入冰糖调味即可。

✕ **百合 + 莲子，清心除烦** ─────

百合含蛋白质、钙、磷等多种营养素，可安心养神；莲子可安神、滋阴、除烦。以上材料搭配食用，有清心除烦的作用。

一碗好粥
享受细致入微的滋润和健康

原味粥

大米粥　　　　　　　　　补中益气

材料 ※ 大米 50 克。

做法 ※

1 大米洗净，清水浸泡 30 分钟。
2 锅内加水烧开，放入大米煮沸，转小火煮 30 分钟至米粒开花即可。

※ 大米粥软烂、易消化

需要注意的是，纯白米粥易于消化吸收，但血糖生成指数较高。有孕期糖尿病的产后妈妈少食，可喝杂粮粥。

小米粥　　　　　　　　　促进肠胃恢复

材料 ※ 小米 50 克。

做法 ※

1 小米洗净备用。
2 锅内加入清水大火烧开，加入小米煮沸，转小火煮 30 分钟，关火，闷 10 分钟即可。

※ 小火慢熬出"米油"，粥香更营养

小米慢火熬，能熬出一层薄薄的透明发亮的薄膜，这是"米油"，小米粥油含有丰富的 B 族维生素，可以促进产后妈妈肠胃蠕动，增进食欲。

紫米粥
补肾固发

材料 ✕ 紫米 50 克，糯米 30 克。

做法 ✕

1 紫米、糯米分别洗净，并用清水浸泡 4 小时。

2 将紫米和糯米放入开水锅中，大火煮开后转小火继续煮 1 小时即可。

✕ **紫米提前浸泡，粥更香糯浓稠** ——

紫米的米粒外包裹着一层坚韧的种皮，很难煮烂，所以紫米在煮之前要先浸泡，这样煮出来的紫米粥更香糯浓稠。

新爸爸课▶堂

爸爸少看手机，多看妻子和孩子 ——

妻子产后身体虚弱，伤口还在恢复中，爸爸要及时给予精神上和行动上的关爱，可以帮妻子翻身、端饭等，帮助按摩，缓解妻子卧床带来的酸痛感。还要多照看孩子，比如，给孩子换尿不湿、洗更换下来的衣物等。贴心细致的呵护，能帮助妻子预防产后抑郁，给予其极大的信心恢复健康，对建立良好的亲子关系也有益。

绿豆粥 消肿祛湿

材料 ✕ 绿豆 50 克，大米 30 克，薏米 20 克。

做法 ✕

1 绿豆、薏米分别洗净，清水浸泡 4 小时；大米洗净，清水浸泡 30 分钟。

2 锅内加入适量清水大火烧开，加绿豆和薏米煮沸，转小火煮至六成熟，加入大米，大火煮沸后转小火继续熬煮至米烂粥稠即可。

✕ 绿豆粥熬好尽快食用，营养不流失

绿豆在熬煮过程中溶出的酚类抗氧化物质有清除自由基、调节机体免疫力的作用，但是该物质发生氧化后效用会降低，所以产后妈妈最好食用刚熬出来的绿豆粥。

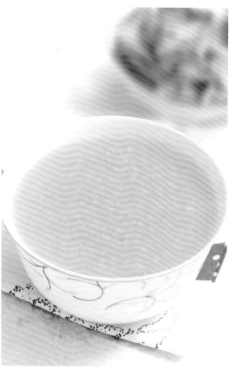

玉米糁粥 控糖、预防便秘

材料 ✕ 玉米糁 50 克。

做法 ✕

1 玉米糁清洗干净，清水浸泡 4 小时。

2 锅内加入适量清水，大火烧开，放入玉米糁煮沸，转小火煮至粥稠即可。

✕ 提前浸泡玉米糁，好煮且营养

玉米糁中含有丰富的膳食纤维，可以有效预防便秘，但是玉米糁较硬，需要提前浸泡，慢火将其煮软，这样产后妈妈更容易吸收营养。

香菇瘦肉粥   调节免疫力

材料 ✕ 大米、猪瘦肉各50克，鲜香
菇3朵。

调料 ✕ 葱末少许，盐适量。

做法 ✕

1 香菇洗净，去蒂，切丁；猪瘦肉洗
净，切丁，用盐腌渍10分钟；大米
洗净，泡水30分钟。

2 锅中加入清水大火煮沸，放入大米
煮20分钟，加入猪肉丁、香菇丁煮
沸，撒上葱末即可。

✕ 肉不要煮太久，软嫩易吸收

猪肉煮太久，肉质会变老，不利于咀嚼和
营养的吸收，对于产后妈妈更是如此。

牛肉滑蛋粥   益气补虚

材料 ✕ 牛里脊肉50克，大米80克，
鸡蛋1个。

调料 ✕ 葱末、姜末、香菜末各少许，
盐适量。

做法 ✕

1 牛里脊肉洗净，切片，加少许盐腌
30分钟；大米洗净，清水浸泡30
分钟。

2 锅内加入适量清水烧开，放入大米
煮至九成熟，放入牛里脊肉片煮至
变色，将鸡蛋打入锅中搅散，煮熟
后加入剩余盐及葱末、姜末、香菜
末，搅匀即可。

生滚鱼片粥   强体通乳

材料 黑鱼片 80 克，大米 50 克。

调料 葱末、姜末各少许，淀粉、盐各适量。

做法

1 大米洗净，浸泡 30 分钟；黑鱼片洗净，加姜末、淀粉拌匀，腌制 15 分钟。

2 锅内倒入适量清水烧开，放大米煮成粥，倒入黑鱼片煮 3 分钟，加葱末、盐调味即可。

※ **淀粉腌制黑鱼片，口感更嫩滑** ———

在腌制黑鱼片的时候加入一些淀粉，可以使其更加鲜美、嫩滑，让新妈妈食欲大开。

虾仁芹菜粥　　　预防便秘

材料 ※ 虾仁、大米各80克，芹菜50克。

调料 ※ 盐、姜末、淀粉各适量。

做法 ※

1 大米洗净，清水浸泡30分钟；芹菜择洗干净，切段；虾仁洗净，加入姜末、淀粉、盐拌匀。

2 锅内加入适量清水，大火烧开，放入大米煮沸，转小火熬煮至米粒开花时加入虾仁，煮熟后加入芹菜段，略煮即可。

※ 西芹切碎一点，妈妈更易咀嚼 ——

西芹中含有丰富的膳食纤维，可以促进胃肠蠕动，预防便秘。但是西芹的纤维较粗，不容易咬断，所以把西芹切碎一点，更有利于产后妈妈食用。

胡萝卜芹菜叶粥　　明目、促便

材料 ※ 胡萝卜100克，芹菜叶20克，大米80克。

调料 ※ 盐适量，猪油少许。

做法 ※

1 胡萝卜洗净，去皮，切丁；芹菜叶洗净，切末；大米洗净，用清水浸泡30分钟。

2 锅内加适量清水，大火烧开，放入大米煮20分钟左右，放入胡萝卜丁、猪油（也可不放），煮10分钟，最后加芹菜叶末，用盐调味即可。

牛奶二米粥　　　　　　养胃、安神

材料 ※ 大米、小米各 40 克，牛奶 200 克。

调料 ※ 白糖少许。

做法 ※

1 大米洗净，清水浸泡 30 分钟；小米洗净。

2 锅内倒入适量清水，大火烧开，放入大米、小米，小火慢煮至米粒开花，倒入牛奶、白糖，不停搅拌至粥黏稠即可。

※ 牛奶后下锅，营养少流失 ———

牛奶中含有丰富的镁、色氨酸等具有安神作用的营养素，有利于产后妈妈的睡眠。但牛奶在高温下营养素会破坏，所以在米粒煮开花时倒入牛奶稍微煮一下即可。

桂花栗子粥　　　　　　预防便秘

材料 ※ 栗子 80 克，糯米 50 克，大米 20 克。

调料 ※ 糖桂花适量。

做法 ※

1 栗子去壳，洗净，切丁；糯米洗净，清水浸泡 4 小时；大米洗净，泡 30 分钟。

2 锅内加入适量水烧开，放糯米、大米、栗子丁大火煮沸，转小火熬煮 30 分钟，煮至粥熟，淋糖桂花即可。

※ 栗子营养丰富，但不可多食 ———

栗子中含有较多的碳水化合物和膳食纤维。可以为产后妈妈补充热量，也有利于预防产后便秘。但栗子不太容易消化，所以不要一次吃太多。

红薯玉米面糊　　　预防便秘

材料 ※ 红薯100克，玉米面50克。

做法 ※

1　红薯去皮，洗净，切块，放入锅中，加入适量清水大火煮沸，转小火熬煮。

2　玉米面中加入适量清水搅至糊状，待红薯煮熟后倒入锅中，煮沸至浓稠即可。

※**适当延长蒸煮时间，红薯更好吃** ——

红薯中含有丰富的膳食纤维，产后妈妈经常吃红薯可以预防便秘。但是食用红薯后易出现腹胀、胃灼热、反胃等不适感，所以食用要适量，更不要空腹大量吃。另外，适当延长蒸煮红薯的时间，可以减轻这种不适感。

南瓜红米粥

补中益气

材料 红米 50 克，南瓜 100 克，红
枣 5 枚，红豆 40 克。

做法

1 红米、红豆洗净后用水浸泡 4 小时；
南瓜去皮、去瓤，洗净，切小块；
红枣洗净，去核。

2 锅内加适量清水烧开，加入红米、
红豆大火煮开后转小火煮 40 分钟，
加红枣、南瓜块煮至米烂豆软即可。

※ 红米 + 南瓜，补血又益气

红米含有丰富的淀粉、B 族维生素、植物
蛋白，可以补充体力，还有一定补血功效，
有助于改善精神不振和失眠等症状；南瓜
具有补中益气、消炎止痛的作用。

莲子花生红豆粥 养心安神

材料 ※ 大米、红豆各 40 克，莲子、
花生米各 30 克。

调料 ※ 红糖适量。

做法 ※

1 红豆、莲子洗净，清水浸泡 4 小时；
大米洗净，清水浸泡 30 分钟；花生
米洗净。

2 锅内加入适量清水大火烧开，放入
红豆、大米、花生米、莲子，大火
煮开后转小火煮至粥黏稠，加入红
糖拌匀即可。

※ 花生带"衣"，营养更好

花生衣含有多种多酚类化合物，如黄酮类；
花生衣中还含有较多花青素。这些物质具有
抗氧化等功效。花生红衣还是传统的中药，
有助于增加血小板，有一定养血功效。

桂圆红枣粥 滋补气血

材料 ※ 干桂圆 20 克，红枣 10 枚，糯
米 80 克。

调料 ※ 红糖适量。

做法 ※

1 糯米洗净，清水浸泡 2 小时；桂圆
去杂质，洗净；红枣洗净，去核。

2 锅内加入适量清水烧开，加入糯米、
红枣、桂圆煮沸，转小火慢煮成粥，
加入红糖搅拌均匀即可。

※ 相较于鲜桂圆，干桂圆温和更营养

鲜桂圆属于水果的一种，中医认为桂圆性
温热，多吃容易上火，而经烘干处理后的
干桂圆相对温和。产后妈妈可以经常少量
吃些干桂圆。

花样主食
简单朴实，成为好胃口的顶梁柱

面食

杂粮馒头　　　　　　健脾养胃

材料 ⋮ 面粉 50 克，小米面 30 克，黄豆面 10 克，酵母粉适量。

做法 ⋮

1 小米面、黄豆面、面粉倒入盆中拌匀，倒入温水化开的酵母水，揉搓成面团，醒发 2 小时。

2 将醒发好的面团分成大小均匀的面剂子，做成馒头生坯，醒发至原体积的 2 倍大，放到蒸屉上。

3 锅内倒入适量水大火烧开，将蒸屉放入锅中，蒸 20 分钟即可。

南瓜双色花卷　　　　润肠通便

材料 ⋮ 南瓜泥 30 克，面粉 50 克，酵母粉适量。

做法 ⋮

1 南瓜泥加少许面粉，用温酵母水和成面团；面粉加温酵母水和成面团，两种面团分别发 2 小时。

2 将两种面团分别揉匀，擀成大片，刷上油，对折，切成 4 厘米宽的坯子，每个坯子再切一刀，不切断。

3 将每个坯子拧成麻花状，打结做成花卷坯，醒发 20 分钟，放入蒸锅中，大火烧开后转小火蒸 15 分钟关火，3 分钟后取出即可。

小米发糕 改善睡眠

材料 ❋ 小米面 50 克，黄豆面 30 克，
酵母粉适量。

做法 ❋

1 酵母粉用温水化开；小米面、黄豆
面放入盆内，加温酵母水搅拌成面
糊，盖上盖发 2 小时。

2 将面糊倒在铺有湿屉布的蒸屉上，
用模具抹平，中火蒸 20 分钟，取出
凉凉，切块即可。

❋ **黄豆磨成粉，更易消化吸收** ————

黄豆面是黄豆经炒熟后磨制而成，在这个
过程中，黄豆中的一些抗消化因子遭到破
坏，因此熟黄豆面更容易消化，其含有的
蛋白质也更容易被产后妈妈吸收。

臊子面 补充体力

材料 ❋ 宽面条、猪瘦肉各60克，水发木耳、水发黄花菜各30克，圆白菜80克。

调料 ❋ 香菜末少许，酱油、盐、香油各适量。

做法 ❋

1 猪瘦肉、水发木耳、水发黄花菜、圆白菜分别洗净，切丁。

2 锅热放油，放入上述处理好的食材煸炒，加盐、酱油调味，滴入香油，做成臊子。

3 将宽面条煮熟，盛入碗中，浇入臊子，撒上香菜末即可。

鸡丝拌面 健脾开胃

材料 ❋ 切面50克，鸡胸肉100克，黄瓜60克，绿豆芽30克。

调料 ❋ 葱段、姜片各少许，盐、蚝油、酱油、醋、白糖各适量。

做法 ❋

1 鸡胸肉洗净后放入锅中，加适量清水，放葱段、姜片，待鸡胸肉煮熟后捞出，凉凉，撕成丝；黄瓜洗净，切丝；绿豆芽洗净，去除根须，用沸水焯至断生，凉凉。

2 将蚝油、酱油、醋、盐、白糖放入碗中，拌匀调成味汁备用。

3 锅内倒入适量清水，大火烧开，放切面，煮熟后捞出过凉，盛入碗中，加入黄瓜丝、鸡丝、绿豆芽，浇上味汁拌匀即可。

鸡肉丸意大利汤面 **调节免疫力**

材料 ✕ 意大利面 60 克，鸡肉 100 克，
胡萝卜、玉米粒各 50 克。

调料 ✕ 淀粉、蚝油、生抽、香油、姜
片、蒜片、葱花、盐各适量。

做法

1 胡萝卜去皮洗净，切碎；鸡肉洗净，
切块，放入绞肉机中绞成泥，放入
胡萝卜碎、蚝油、淀粉、生抽和香
油，搅拌均匀，再将肉泥团捏成丸。

2 锅中放水，水开下肉丸，肉丸漂浮
起来捞出。

3 另起锅加油，爆香姜片和蒜片，放
适量水煮开，下意大利面煮熟，撒
盐，放入丸子煮 3 分钟，撒葱花即可。

牛肉拉面 补充体力

材料 ※ 拉面、牛瘦肉、油菜、白萝卜各 50 克。

调料 ※ 盐适量，花椒、葱末、姜丝各少许。

做法 ※

1 牛瘦肉下入沸水锅焯烫 3 分钟捞出，冲净血污，切厚片；白萝卜洗净，切薄片；油菜洗净，焯熟。

2 碗中加适量清水，放入花椒、牛肉片，放入蒸锅中大火蒸 2 小时，待牛肉熟烂后取出，将汤汁过滤制成牛肉清汤。

3 锅内加入适量清水，大火烧开后放入拉面，煮熟后捞出，装入碗中，上面放蒸好的牛肉片、焯熟的油菜。

4 牛肉汤煮沸，加入白萝卜片、盐、葱末、姜丝略煮，浇在面碗中即可。

黑椒牛柳荞麦面 预防便秘

材料 ※ 荞麦面 50 克，牛柳 100 克，洋葱、口蘑各 50 克。

调料 ※ 盐、黑胡椒粉各适量。

做法 ※

1 洋葱去老皮，洗净，切片；口蘑洗净，切片；牛柳切条，用黑胡椒粉、油腌渍一下。

2 锅内加入适量清水大火烧开，放入荞麦面煮熟，捞出，过凉。

3 不粘锅加热放油，放入腌渍好的黑椒牛柳，加少许盐、黑胡椒粉，煎至肉变色后盛出。

4 锅内留底油烧热，放入洋葱片爆香，放入口蘑片，炒至口蘑片金黄后，倒入牛柳略翻炒，倒入荞麦面、少许盐，翻炒均匀即可。

胡萝卜牛肉蒸饺　　补血补气

材料 ✕ 面粉、胡萝卜各80克，牛肉
100克。

调料 ✕ 葱末、姜末各少许，盐、十三
香、香油、生抽、黑胡椒粉各
适量。

做法 ✕

1 胡萝卜洗净，去皮，切短丝；牛肉
洗净，剁成肉末，放盐、十三香、
黑胡椒粉、生抽、香油腌渍10分钟。

2 将胡萝卜丝、牛肉末、葱末、姜末
搅拌混合制成饺子馅。

3 面粉加适量热水搅匀，揉成面团，
分成等量剂子，擀成面皮。

4 在面皮上放饺子馅，包好，放入蒸
锅内大火蒸20分钟即可。

木耳萝卜丝包子　　　促进消化

材料 ⁑ 白萝卜100克，鸡蛋2个，面粉80克，水发木耳50克，酵母粉少许。

调料 ⁑ 葱末、姜末各少许，盐、五香粉、生抽各适量。

做法 ⁑

1 木耳洗净，切碎；白萝卜洗净，切丝；鸡蛋炒熟，切成鸡蛋碎。

2 将白萝卜丝、木耳碎、鸡蛋碎放入盆中，加入葱末、姜末，放入适量盐、五香粉、生抽拌匀制成馅料。

3 酵母粉加温水化开，倒入面粉中，再加温水揉成面团，醒发1小时。

4 将面团分成小剂，擀成圆形面皮，在面皮上放馅料，包好后放入蒸锅内蒸15分钟即可。

金枪鱼全麦三明治　　　预防便秘

材料 ⁑ 全麦面包片1片，金枪鱼50克，生菜2片，番茄60克，煮熟鸽子蛋3个。

调料 ⁑ 沙拉酱适量。

做法 ⁑

1 全麦面包片放入烤箱，烤至表面微黄，取出；生菜洗净，撕小片；鸽子蛋对半切开；番茄洗净，切片。

2 锅内倒入适量清水，加适量盐，大火烧开后，放入金枪鱼煮熟，捞出，碾碎，加入沙拉酱，做成金枪鱼沙拉。

3 在全麦面包片上依次放生菜片、番茄片、鸽子蛋和金枪鱼沙拉即可。

圆白菜鸡蛋饼　　促进消化

材料 ※ 圆白菜、胡萝卜、香菇各 50 克，鸡蛋 1 个，面粉 60 克。

调料 ※ 盐适量。

做法 ※

1 圆白菜洗净，焯水沥干，切丝；胡萝卜洗净，去皮，切细丝；香菇去蒂，洗净，切丁；鸡蛋打入碗中，加盐搅匀。

2 将鸡蛋液倒入圆白菜中加胡萝卜丝、香菇丁，拌匀后逐次加入面粉，搅拌均匀，制成面糊。

3 锅热放油，倒入适量面糊，摊至薄厚均匀，转小火煎至金黄后翻面，把另一面也煎至金黄即可。

南瓜薏米饭 　　补充维生素

材料 ※ 薏米30克，南瓜100克，大米50克。

做法 ※

1 南瓜洗净，去皮、去瓤，切小丁；大米洗净，浸泡30分钟；薏米洗净，浸泡2小时。

2 将大米、薏米、南瓜丁放入电饭锅中，加入适量清水，按下"煮饭"键，电饭锅提示米饭蒸好即可。

※ 凉水浸泡薏米，防治营养流失 ——

用温水或热水浸泡薏米，薏米中的B族维生素更容易被破坏掉，浸泡薏米宜选凉水。

山药八宝饭 　　健脾养胃

材料 ※ 山药、薏米、白扁豆、莲子、桂圆肉、栗子各50克，红枣6枚，糯米100克。

做法 ※

1 山药、白扁豆、莲子、桂圆肉、红枣分别洗净，蒸熟；薏米、糯米洗净，用清水浸泡4小时，蒸熟；栗子煮熟，切片。

2 取一个大碗，里面涂上油，将蒸好的山药、薏米、白扁豆、莲子、桂圆肉、红枣、栗子片均匀地铺在碗底，再将糯米饭铺在上面，倒扣盘中即可。

三文鱼西蓝花炒饭 增强免疫力

材料 ✕ 三文鱼 100 克，西蓝花 80 克，米饭 50 克，豌豆 30 克。

调料 ✕ 盐适量。

做法 ✕

1 西蓝花掰成小朵洗净，烧滚一锅水，焯西蓝花，水里滴两滴油，焯好后捞出控干水分；豌豆洗净，煮熟。

2 锅烧热放入三文鱼煎熟，用不粘锅煎的话就不用放油，撒一点点盐入味，煎好的鱼凉凉，切块。

3 重新起锅热油，将西蓝花和三文鱼块翻炒片刻，倒入米饭、豌豆，加盐炒匀即可。

蔬菜蛋包饭　　　　　营养均衡

材料 ✕ 鸡蛋2个，黄彩椒20克，面粉、黄瓜、火腿各50克，温米饭60克，熟芝麻5克，肉酱适量。

调料 ✕ 盐、番茄酱各少许。

做法 ✕

1 鸡蛋打入碗中搅匀，加面粉、水、盐，搅成面糊；黄瓜洗净，切条；火腿切条；黄彩椒洗净，切条。

2 平底锅烧热放油，将面糊倒入锅内，铺满锅底，烙至微微发黄后取出；温米饭放入少许盐和熟芝麻，拌匀。

3 取一张蛋饼，抹少许肉酱，放米饭压平，放黄瓜条、火腿条、黄彩椒条，将蛋饼的下端向上翻折，包起，淋上番茄酱即可。

鸡丝什锦饭　　　　　补充蛋白质

材料 ✕ 鸡全腿1只，柿子椒、黄彩椒各40克，大米50克，玉米粒20克，豌豆、胡萝卜各15克。

调料 ✕ 葱段、姜片各少许，盐适量。

做法 ✕

1 柿子椒、黄彩椒洗净，切丝；胡萝卜洗净，切丁；大米、玉米粒、豌豆洗净。

2 大米、玉米粒、豌豆、胡萝卜丁放入电饭锅，加适量水和盐，按下"煮饭"键。

3 鸡腿冷水下锅，放葱段、姜片，水开后撇去浮沫，转中火煮25分钟。

4 鸡腿捞出后，凉凉，去皮，撕成丝，加入柿子椒丝、黄彩椒丝、盐，拌匀。

5 米饭搅拌均匀，放入餐盘中，鸡腿肉和椒丝摆放入盘即可。

巴沙鱼时蔬糙米饭　　**预防便秘**

材料 ⋉ 糙米、番茄各 50 克，巴沙鱼 100 克，青豆、玉米粒各 30 克。

调料 ⋉ 盐、黑胡椒粉各适量。

做法 ⋉

1 糙米洗净，用清水浸泡 3 小时；巴沙鱼洗净，切小块，加入少许黑胡椒粉、盐，拌匀腌渍 15 分钟；番茄洗净，切块；青豆、玉米粒分别洗净，备用。

2 将泡好的糙米、番茄块、青豆、玉米粒和腌渍好的巴沙鱼块放入电饭锅中，加适量清水，按下"煮饭"键，电饭锅提示做好后即可。

金枪鱼时蔬拌饭　　　　补充体力

材料 ✕ 糙米、大米各 30 克，绿豆 20 克，金枪鱼（罐装）100 克，胡萝卜、黄瓜各半根，生菜 2 片，苏子叶 4 片，洋葱 30 克，单面煎蛋 1 个。

调料 ✕ 糖稀、醋、苏子油各适量。

做法 ✕

1 洋葱洗净，切丝；黄瓜、胡萝卜分别洗净，切丝；苏子叶、生菜洗净，切细丝备用；金枪鱼从罐头中取出。

2 糙米、大米、绿豆分别洗净，浸泡 1 小时，煮成杂粮饭，盛入碗中；将糖稀、醋、苏子油放入一个碗中，拌匀制成酱汁。

3 将上述时蔬、金枪鱼、单面煎蛋放到杂粮饭上，浇上酱汁，拌匀即可。

什锦燕麦饭　　　　瘦身、促恢复

材料 ✕ 大米、燕麦各 30 克，虾仁 40 克，西葫芦 50 克，洋葱、豌豆各 20 克。

调料 ✕ 生抽、白胡椒粉各适量。

做法 ✕

1 大米洗净，浸泡 30 分钟；燕麦洗净，浸泡 4 小时；将浸泡后的大米和燕麦放入电饭锅内，加适量清水煮熟，盛出。

2 豌豆洗净，煮 3 分钟；虾仁洗净，挑去虾线，切段，加白胡椒粉、少许油腌渍一下；西葫芦去皮，切丁；洋葱洗净，切丁。

3 锅热放油，放入虾仁段、西葫芦丁、洋葱丁翻炒，待洋葱丁微微透明，放入豌豆和燕麦饭，滴入生抽，略翻炒即可。

芝士焗红薯　　补充膳食纤维和钙

材料 ✕ 红薯 100 克，奶酪（芝士）1 片，
　　　　牛奶 50 克，鸡蛋黄 1 个。

调料 ✕ 黄油 15 克，白糖 10 克。

做法 ✕

1 红薯洗净，用锡纸包住，放入烤箱烤
熟后取出，对半切开，挖出红薯肉
（注意不要挖得太干净，表皮边缘稍
微留一些红薯肉）制成红薯托。

2 将挖出的红薯肉趁热按压成泥，加入
白糖、黄油、奶酪、牛奶搅匀，然后
倒回红薯托中，上面再撒一些奶酪。

3 在红薯托表面刷一层蛋黄液，放入
180℃预热好的烤箱中层，烤 10 分
钟，至表面金黄稍有点焦即可。

小米蒸红薯　　预防便秘

材料 ✕ 小米 50 克，红薯 150 克，荷
　　　　叶 1 张。

做法 ✕

1 红薯去皮，洗净，切条；小米洗净，
清水浸泡 30 分钟；荷叶洗净，铺在
蒸屉上。

2 将红薯条在小米中滚一下，裹满小
米，放入蒸屉中，大火烧开后再蒸
30 分钟即可。

香蕉紫薯卷　　　　　　　促进消化

材料 ※ 吐司 2 片，紫薯 120 克，牛奶 20 克，香蕉 2 根。

做法 ※

1 紫薯去皮，切块，用蒸锅蒸至筷子能轻易搓透紫薯；香蕉去皮切块。

2 紫薯装入碗中，加入牛奶，用勺子压成紫薯泥待用。

3 吐司切掉四边，用擀面杖把吐司擀平，取部分紫薯泥均匀涂在吐司上，再放上香蕉块，卷起，切成段即可。

山药糕　　　　　　　　　健脾补虚

材料 ※ 山药 200 克，山楂糕、枣泥、土豆各 50 克。

调料 ※ 白糖适量。

做法 ※

1 山药、土豆均洗净，去皮，上锅蒸熟后，放凉，将二者放在一起揉搓均匀，分 3 份。

2 将山楂糕用刀按压成泥，加入白糖拌匀。

3 将 3 份山药土豆泥用 3 片一样大的湿布分别叠压成厚约 1 厘米的片，叠放三层。

4 在每层之间各加一层山楂糕泥和枣泥，共五层。

5 食用时切小块，撒上白糖即可。

南瓜芋头煲　　滋阴润燥

材料 ✕ 南瓜、芋头各100克，干贝50克，银杏30克。

调料 ✕ 盐适量，葱末少许。

做法 ✕

1 芋头洗净，去皮，切小块；南瓜去皮除子，洗净，切小块；干贝泡发，洗净；银杏去壳，洗净，去皮。

2 把芋头块、南瓜块、泡发的干贝、银杏放入锅中，加入适量清水，大火烧开后转小火煮30分钟，放盐、葱末即可。

> Tips　南瓜和芋头含有淀粉，可以替代部分主食食用，不仅控糖，还避免热量摄入过多。

✕ 芋头虽好吃，但一定要熟食

芋头不能生吃，芋头中含有较多的草酸，生食味道苦涩；生芋头中的碳水化合物也不易吸收，容易引起腹胀；生芋头的黏液还会导致皮肤过敏。所以芋头一定要熟透后再吃。

轻食拌菜
少油低卡，好吃不胖，爽口又营养

蔬菜

花生拌菠菜 开胃消食

材料 ⋇ 菠菜 200 克，花生米 50 克。

调料 ⋇ 姜末、蒜末各少许，醋、盐各适量。

做法 ⋇

1 菠菜洗净，用沸水焯水后捞出，过凉，切段；花生米洗净，放入锅中，加适量清水煮熟。

2 将菠菜段、花生米、姜末、蒜末、盐、醋放入盘中拌匀即可。

拌苋菜 促食欲、通便

材料 ⋇ 苋菜 250 克，熟白芝麻少许。

调料 ⋇ 白糖、醋、香油、生抽各适量，盐、蒜末各少许。

做法 ⋇

1 苋菜择洗干净，用沸水焯一下，捞出挤干水分，切段，放入盘中。

2 把盐、生抽、醋、白糖、香油放入碗中，拌匀，倒在苋菜上。

3 锅内倒入适量油烧热，放蒜末爆香，淋在苋菜上，撒上熟白芝麻即可。

豆腐丝拌胡萝卜 明目、预防便秘

材料 ※ 胡萝卜200克，豆腐丝100克。

调料 ※ 盐、香油各适量，香菜段少许。

做法 ※

1 豆腐丝洗净，切短段，用沸水焯一下；胡萝卜洗净，切细丝，用沸水焯一下。

2 将胡萝卜丝、豆腐丝放入盘中，加盐、香菜段，滴入香油拌匀即可。

※ 豆腐丝 + 胡萝卜，明目、通便 ——

豆腐丝富含蛋白质，胡萝卜富含胡萝卜素和可溶性膳食纤维，二者搭配有明目、通便的作用。

蓝莓山药 调节免疫力

材料 ※ 铁棍山药 200 克，蓝莓 50 克。

调料 ※ 白糖适量。

做法 ※

1 铁棍山药洗净，去皮，切段，放入
　蒸锅中蒸 20 分钟，至山药熟软取出
　装盘。

2 蓝莓洗净，切碎，放入榨汁机中，
　加白糖打成汁，淋在山药上即可。

※ **山药宜切厚片食用，抗饿**————

在烹调山药时，山药宜切厚片，这样其延
缓血糖上升的效果更佳，还能帮助食欲好
的产后妈妈抵抗饥饿感，从而控制食欲，
避免肥胖。

芹菜拌腐竹　　促消化、补钙

材料 ⚜ 芹菜、腐竹各 100 克，胡萝卜
　　　　50 克，熟白芝麻少许。

调料 ⚜ 盐、香油各适量。

做法 ⚜

1 腐竹提前泡好，切段；芹菜洗净，
切段；胡萝卜洗净，切丁。

2 将上述三种食材依次焯水后放在盆
里，加入香油、白芝麻、盐搅拌均
匀即可。

⚜ **腐竹搭配芹菜，营养吸收更好** ───

腐竹相比普通豆腐营养密度更高，搭配芹
菜、胡萝卜食用，可促消化，缓解眼部疲
劳，还有助于补钙。

姜汁藕片　　清热生津、补益脾胃

材料 ⚜ 莲藕 300 克，姜末 20 克。

调料 ⚜ 葱末少许，盐、白糖、香油各
　　　　适量。

做法 ⚜

1 莲藕洗净，去皮，切片，放入清水
中浸泡片刻，捞出沥干水分，用沸
水焯 2 分钟后捞出过凉，装入盘中。

2 把姜末、葱末、盐、白糖、香油放
入碗中拌匀，调成姜汁，浇在莲藕
片上，拌匀装盘即可。

⚜ **姜汁 + 藕，补益身体** ───

中医认为，莲藕能补血助眠、清热退火，
这款菜肴用姜末配合藕香，不仅能补益身
体，还有养颜润肤的作用。

黄瓜拌金针菇　　促进消化

材料 ✕ 金针菇 150 克，黄瓜 100 克。

调料 ✕ 醋、白糖、盐、香油各适量。

做法 ✕

1 金针菇洗净，去根，用沸水焯熟，捞出；黄瓜洗净，切丝。

2 金针菇和黄瓜丝放在盘中，放盐、醋、白糖、香油，拌匀。

3 锅热放油，倒在金针菇和黄瓜丝上拌匀即可。

✕ 黄瓜皮有利尿作用 ─────

黄瓜皮中所含的槲皮苷有较好的利尿作用，有助于防治产后水肿。所以，吃黄瓜时最好不要削皮。

凉拌双耳　　美容养颜

材料 ✕ 水发木耳、水发银耳、红彩椒各 50 克，柠檬 1 个。

调料 ✕ 盐、白糖、香油各适量，葱末、香菜末各少许。

做法 ✕

1 水发木耳、水发银耳分别洗净，用沸水分别焯熟，捞出；柠檬洗净，切成两半，一半刮下适量柠檬丝，另一半挤出柠檬汁；红彩椒洗净，切片。

2 葱末、香油、白糖、盐和柠檬汁放在一个碗中，调成味汁。

3 木耳、银耳放入盘中，加香菜末、红彩椒片和柠檬丝，倒入味汁拌匀即可。

彩蔬拌粉皮　　促进新陈代谢

材料 ✕ 黄瓜、金针菇、菠菜各50克，鲜粉皮、洋葱各80克，干木耳5克。

调料 ✕ 苹果醋、盐、白糖、生抽各适量。

做法 ✕

1 黄瓜洗净，切丝；金针菇去根，洗净，焯水；菠菜洗净，焯水，切段；木耳提前泡发好，去根，焯水；洋葱洗净，切丝；鲜粉皮洗净。

2 将上述材料放入盘中，加入苹果醋、盐、白糖、生抽拌匀即可。

平菇豆苗沙拉　　**清肠瘦身**

材料 ✕ 豌豆苗 250 克，平菇、木瓜各
　　　　100 克。

调料 ✕ 盐、橄榄油各适量。

做法 ✕

1 平菇洗净，撕成小片，入沸水中焯
　熟，捞出沥干；豌豆苗洗净，入沸
　水中焯一下，捞出沥干；木瓜洗净，
　去皮除子，切小块。

2 将焯好的平菇和豌豆苗放入盘中，
　加入木瓜块，调入盐和橄榄油搅拌
　均匀即可。

✕ **平菇 + 豆苗，清肠润肤** ——————

豌豆苗清香滑嫩，味道鲜美独特，搭配平
菇，做法简单，清淡爽口。

香菇木耳豆皮卷   增强体力

材料 ※ 豆腐皮100克，水发木耳、
鲜香菇、柿子椒、红彩椒各
50克。

调料 ※ 盐、酱油、葱花、花椒粉、白
糖各少许，香葱适量。

做法 ※

1 将豆腐皮洗净，切大片；水发木耳
洗净，切丝；香菇洗净，去蒂，切
丝；柿子椒、红彩椒洗净，去蒂及
子，切丝。

2 豆腐皮上放木耳丝、香菇丝、柿子
椒丝、彩椒丝，卷起来，用香葱扎
起来，蒸熟，放凉。

3 锅内倒油烧热，炒香葱花和花椒粉，
加少许清水、盐、白糖烧沸，淋在
豆皮素菜卷上即可。

白菜心拌海带   促排便

材料 ※ 白菜心90克，水发海带100克。

调料 ※ 香菜碎、蒜末各少许，醋、香
油、酱油、白糖各适量。

做法

1 白菜心洗净，切丝，焯水；水发海
带洗净，切丝，放入沸水中煮熟，
捞出，沥干水分。

2 取盘，放入白菜丝和海带丝，将所
有调料制成味汁，浇在上面拌匀
即可。

※ 白菜 + 海带，减脂又促便
白菜和海带都富含膳食纤维和钾，搭配食
用有不错的减脂、促便的作用。

西蓝花牛肉丁沙拉　　补铁补锌

材料 ※ 牛肉150克，西蓝花100克，彩椒、玉米粒各50克。

调料 ※ 黑胡椒粉少许，油醋汁适量。

做法 ※

1 牛肉洗净，切丁；西蓝花洗净，切小朵，焯水；玉米粒煮熟；彩椒洗净，切小片。

2 锅热放油，放入牛肉丁煎香，撒上黑胡椒粉，盛出，放凉。

3 将西蓝花、彩椒片、玉米粒、牛肉丁摆盘浇上油醋汁拌匀即可。

麻酱鸡　　开胃、补充蛋白质

材料 ※ 鸡腿300克，红彩椒、黄瓜各30克。

调料 ※ 芝麻酱、醋、生抽、香油、白糖、盐各适量，蒜末少许。

做法 ※

1 鸡腿洗净；红彩椒去蒂除子，洗净，切丝；黄瓜洗净，切丝；芝麻酱用少许凉白开调开。

2 锅内倒入适量清水，放入鸡腿煮20分钟后捞出，洗净，撕成条。

3 将鸡肉条、黄瓜丝、红彩椒丝放入盘中，加醋、生抽、香油、蒜末、白糖、盐、芝麻酱拌匀即可。

芹菜拌烤鸭片　　　**养阴补益**

材料 ✕ 烤鸭 200 克，芹菜 150 克。

调料 ✕ 盐、白糖、香油、醋、生抽各
　　　　适量，蒜末少许。

做法 ✕

1 烤鸭切片；芹菜洗净，切段，入沸
　水锅中焯 2 分钟，捞出备用。

2 烤鸭片和芹菜段放入大碗中，加入
　蒜末、盐、白糖、香油、醋、生抽
　搅拌均匀即可。

▷Tips

烤鸭的鸭皮皮下脂肪比较
多，而且皮吃多了也很腻，
因此在吃烤鸭的时候可将
皮去掉，单吃鸭肉。

沙茶拌鱼条　　补充蛋白质

材料 ✕ 草鱼 250 克，水发木耳 30 克。

调料 ✕ 葱段、姜片各少许，沙茶酱、酱油、橄榄油、白糖、盐各适量。

做法 ✕

1 草鱼治净，切条，加葱段、姜片和盐腌渍 10 分钟，用沸水煮熟；木耳洗净，撕成小朵，用沸水焯熟；沙茶酱、酱油、橄榄油、盐和白糖放在一个碗中，调成味汁。

2 将木耳、草鱼条摆放在盘中，将味汁淋在其上，拌匀即可。

✕ **沙茶酱有咸味，少放盐** —————

市面上卖的沙茶酱有咸味，产后妈妈要以清淡为主，因此放沙茶酱后尝尝味道再决定放盐的分量。

鲜虾藜麦双薯沙拉 通便、强体

材料 ✕ 虾100克，柿子椒、洋葱各50克，藜麦30克，紫薯、红薯各80克。

调料 ✕ 姜片、葱段各少许，亚麻籽油、醋、蜂蜜、柠檬汁、盐各适量。

做法 ✕

1 所有需洗食材洗净；柿子椒、洋葱切片；虾去头、虾线；红薯、紫薯去皮、切块，蒸熟；藜麦煮熟。

2 锅中放入清水、姜片、葱段烧开，将虾放入锅中，煮3分钟，捞出。

3 将亚麻籽油、醋、盐、蜂蜜搅拌均匀，加入少许柠檬汁调汁备用。

4 将所有食材放入盘中，淋上调好的汁，搅拌均匀即可。

虾仁拌菠菜 促进食欲

材料 ✕ 菠菜150克，虾仁、芋头各100克，熟白芝麻5克。

调料 ✕ 香油、胡椒粉各少许，盐适量。

做法 ✕

1 虾仁洗净，去虾线，煮熟，切段；菠菜洗净，焯烫1分钟捞出，过凉，切段；芋头洗净，去皮，切块，放入沸水中煮熟捞出。

2 将菠菜段放入碗中，加入芋头块、虾仁丁和熟白芝麻拌匀，撒盐、胡椒粉、香油调味，造型装盘即可。

家常热菜
常见食材，精心烹饪，美味与营养并存

蔬菜

蒜蓉油麦菜　　　　润肠通便

材料 ✕ 油麦菜 300 克，大蒜 30 克。

调料 ✕ 生抽、盐各适量。

做法 ✕

1 油麦菜洗净，切成段；大蒜去皮，切末。

2 锅中放油加热，爆香蒜末，放入油麦菜段翻炒，加盐和生抽翻炒均匀即可。

✕ 有助于消炎和促进肠道蠕动 ————

大蒜含有硫化物，有抗菌消炎的作用，还能促进胰岛素的分泌，辅助稳定血糖。油麦菜含有膳食纤维，能促进肠道蠕动。

手撕圆白菜　　　　促进新陈代谢

材料 ✕ 圆白菜 300 克。

调料 ✕ 蒜片、葱丝、白糖、醋、生抽各少许，盐适量。

做法 ✕

1 圆白菜洗净，用手撕成片。

2 锅热放油，下葱丝、蒜片煸出香味，放入圆白菜片，炒软后加盐、白糖、醋、生抽，翻炒均匀即可出锅。

✕ 手撕保留更多营养元素 ————

手撕菜能保留更多营养素且更易入味，因为切菜的时候容易把菜的细胞壁破坏，刀和细胞做了一次直接碰面，造成了伤害，导致营养素流失。

栗子烧白菜

补肾强骨

材料 ※ 白菜 250 克，栗子肉 100 克。

调料 ※ 葱末少许，盐、水淀粉、高汤、醋各适量。

做法 ※

1 白菜洗净，切段；栗子肉放油锅炸至金黄，捞出。

2 锅热放油，爆香葱末，放入白菜段煸炒，放盐、栗子肉，加高汤烧开，焖 5 分钟，加醋，用水淀粉勾芡即可。

※ **菜中加点醋，好吃又营养** ————

烹饪白菜时加点醋，不仅味道更加鲜美，还有助于保护蔬菜中的维生素 C 和栗子中的 B 族维生素。

清炒苋菜　　　　去火通便

材料 ❋ 苋菜 450 克。

调料 ❋ 盐适量，蒜碎 5 克。

做法 ❋

1 苋菜洗净，焯水，过凉，中间切
一刀。

2 锅中放油烧热，下蒜碎爆香，放入
苋菜段翻炒，出锅前加盐炒匀即可。

❋ **促进造血凝血**

苋菜含有丰富维生素 K，可促进造血凝血
功能，苋菜还有清热、明目的作用。此外
适当食用，还有去火通便的作用。

清炒小白菜　　促便、调脂

材料 ※ 小白菜 300 克。

调料 ※ 姜末、蒜末各少许，酱油、蚝油各适量。

做法 ※

1 小白菜除去根部，洗净，切段。

2 锅热放油，煸炒姜末、蒜末，放入小白菜段翻炒，待小白菜变色放入蚝油、酱油，快炒 1 分钟，即可出锅。

※ 小白菜含有维生素 C，补铁又补钙

小白菜含有维生素 C，可以促进铁吸收。其含钙量在蔬菜中也比较丰富，而且好吸收。

蚝油生菜　　促进血液循环

材料 ※ 生菜 200 克。

调料 ※ 葱末、姜末、蒜末各少许，蚝油、生抽、水淀粉各适量。

做法 ※

1 生菜洗净，撕成大片，用沸水焯熟，控水，放入盘中。

2 锅热放油，放葱末、蒜末、姜末爆香，倒入生抽、蚝油和适量清水烧开，用水淀粉勾芡，浇在生菜上即可。

※ 把握焯水时间，保持生菜脆嫩

生菜含有丰富的水分，质脆嫩，易熟，焯水时间不宜过长，焯至生菜断生即可，时间过长，生菜中的水分流失过多，吃起来就不脆嫩了。

玉米炒空心菜 利尿除湿

材料 ※ 空心菜 250 克，玉米粒 80 克。

调料 ※ 花椒、盐各适量。

做法 ※

1 玉米粒洗净，煮熟；空心菜洗净，焯水后捞出，切段。

2 锅热放油，放入花椒爆香，倒入玉米粒、空心菜段炒熟，加盐调味即可。

※ 空心菜 + 玉米，营养价值高

这道菜含有丰富的膳食纤维、维生素和矿物质，有开胃降脂、润肠通便、利尿祛湿、促进食欲等作用。

菠菜炒绿豆芽 开胃、减脂

材料 ※ 菠菜 200 克，绿豆芽 150 克。

调料 ※ 葱末少许，盐适量。

做法 ※

1 菠菜洗净，切段，焯水；绿豆芽洗净。

2 锅热放油，放葱末炒香，放菠菜段翻炒至软，倒入绿豆芽炒 1~2 分钟，加盐翻炒均匀即可。

※ 菠菜焯一下，促进钙吸收

菠菜中含有较多的草酸，草酸遇钙之后形成不溶于水的草酸钙，影响人体对钙的吸收。将菠菜在沸水中焯一下，可以去除大部分的草酸，不影响产后妈妈对钙的吸收。

番茄炒菜花　　　美容养颜

材料 ※ 菜花 300 克，番茄 100 克。

调料 ※ 葱末、盐、番茄酱各适量。

做法 ※

1 菜花去柄，洗净，掰成小朵，用沸水焯一下；番茄洗净，去蒂，切块。

2 锅热放油，放葱末爆香，倒入番茄块煸炒，加入番茄酱，放菜花，加盐炒熟即可。

※ 菜花焯一下，口感更清脆

高温长时间烹制菜花会变软，营养也流失得更多，所以在烹制菜花前要焯水，焯水时间最好控制在 30 秒左右，这样做出来的菜花口感清脆、更有营养。

洋葱炒番茄　　消水肿、预防便秘

材料 ✕ 番茄 200 克，洋葱 100 克。

调料 ✕ 白糖、盐、水淀粉各适量。

做法 ✕

1 番茄洗净，去蒂，切块；洋葱洗净，切片。

2 锅热放油，放洋葱片、番茄块，加白糖、盐翻炒几下，倒入适量清水大火烧开，焖煮 1 分钟，用水淀粉勾芡即可。

✕ 洋葱辛辣刺激，宜炒熟后食用

生洋葱中含有较多的挥发性刺激物质，辣眼辣口。如果产后妈妈肠胃不耐受刺激，将其彻底炒熟，辛辣味会减少很多，还会有一种香甜口感，更利于产后妈妈进食。

蒜蓉西蓝花　　**有益视力**

材料 ✕ 西蓝花 300 克，蒜蓉 20 克。

调料 ✕ 盐、白糖、香油各适量。

做法 ✕

1 西蓝花洗净，去柄，掰成小朵，用沸水焯一下。

2 锅热放油，放蒜蓉爆香，倒入西蓝花，加盐、白糖炒熟，滴入香油即可。

✕ 盐水浸泡西蓝花，干净且健康 ——

西蓝花虽营养丰富，但不容易清洗干净，易有农药残留，还容易生菜虫，在洗西蓝花时可以将其放入淡盐水中浸泡 5 分钟，更干净。

木耳烩胡萝卜　　**补肝明目**

材料 ✕ 胡萝卜 300 克，水发木耳 50 克。

调料 ✕ 姜末、葱末各少许，盐、白糖、生抽、香油各适量。

做法 ✕

1 胡萝卜洗净，切片；木耳洗净，撕成小朵。

2 锅热放油，放姜末、葱末爆香，放胡萝卜片、木耳翻炒，放生抽、盐、白糖炒熟，滴入香油即可。

✕ 巧洗木耳脏物 ——

水发木耳表面有一些脏物不易洗净，可直接用淘米水轻轻搓洗，能很快除去木耳表面的脏物。

山药木耳炒莴笋　　调控血糖

材料 ✕ 莴笋 300 克，山药 150 克，干木耳 5 克。

调料 ✕ 盐适量，葱丝少许。

做法 ✕

1 莴笋去叶、去皮，洗净，切片，用盐腌渍一下，冲洗干净；干木耳泡发，洗净，撕小朵；山药去皮，洗净，切片，用沸水焯一下。

2 锅热放油，放葱丝爆香，倒入莴笋片、木耳、山药片炒熟，放盐调味即可。

✕ **莴笋腌一下，清脆软嫩又爽口** ———

莴笋在下锅炒之前用盐腌制一下，能去除部分水分，使其变得软韧，炒熟后口感清脆爽口。

彩椒炒山药　　健脾养胃

材料 ✕ 山药 200 克，红彩椒、黄彩椒各 100 克。

调料 ✕ 盐适量，葱末、姜末各少许。

做法 ✕

1 山药去皮，洗净，切片，焯水；红彩椒、黄彩椒分别去蒂除子，洗净，切片。

2 锅热放油，放入葱末、姜末爆香，放山药片炒熟，倒入彩椒片，加盐炒匀即可。

✕ **也可焯熟山药，减少用油量** ———

山药焯水时间不宜过长，可保持清脆口感，山药焯水后再炒，可以减少吸油量，有利于产后妈妈瘦身。

玉米百合炒芦笋　清热解毒

材料 ※ 芦笋 250 克，鲜百合、玉米粒、柿子椒各 50 克。

调料 ※ 蒜末少许，盐适量。

做法 ※

1 芦笋洗净，去老根，切段，在沸水锅内焯一下，捞出沥干；鲜百合洗净，掰片；柿子椒洗净，去蒂除子，切片。

2 锅热放油，爆香蒜末，再放玉米粒、柿子椒片、百合煸炒，加入芦笋段炒熟，加盐调味即可。

※ **芦笋焯一下，去腥味道好**

新鲜芦笋带有少许草腥味，用沸水焯烫可以去除，提升芦笋的味道。

油菜烧冬笋　　　　　　　　预防便秘

材料 ✕ 冬笋 200 克，油菜心 150 克。

调料 ✕ 葱末、姜末各少许，白糖、盐、豆瓣酱各适量。

做法 ✕

1 冬笋洗净，切滚刀块；油菜心择洗干净。

2 锅内倒入适量清水，大火烧开，加入少许盐，将油菜心和冬笋块分别焯水捞出，将油菜心均匀地摆放在盘中。

3 锅热放油，放葱末、姜末、豆瓣酱炒香，放冬笋块，加白糖翻炒至熟，倒在摆好的油菜心上即可。

毛豆烧丝瓜　　　　　　　　预防便秘

材料 ✕ 丝瓜 250 克，毛豆粒 100 克。

调料 ✕ 葱丝、姜末各少许，盐、水淀粉各适量。

做法 ✕

1 毛豆粒洗净，煮熟，沥干；丝瓜洗净，去皮，切块。

2 锅热放油，炒香葱丝、姜末，放丝瓜块炒软，放煮好的毛豆粒，加盐，用水淀粉勾芡即可。

✕ 炒前腌一下，防止丝瓜变黑 ——

丝瓜被切开后，与空气接触易氧化变黑。可加入少量盐将其腌制 10 分钟左右，在炒前再用清水冲洗干净，这样可以防止丝瓜变黑。

清炒西葫芦　　美容养颜

材料 ※ 西葫芦 300 克。

调料 ※ 姜片、葱段各少许，盐、醋各适量。

做法 ※

1 西葫芦洗净，切片，放少许油拌一下。

2 锅热放油，放姜片、葱段爆香，放西葫芦片翻炒至稍变软，加盐、醋翻炒均匀即可。

※ 油拌西葫芦，减少出水，味道好 ——

西葫芦含水分较多，烹制不当就会出很多水，影响口感。西葫芦切片后，滴入少量食用油拌一下，可以有效减少出水量，提升口感，让产后妈妈更有食欲。

蒜蓉苦瓜　　　　清热降火

材料 ※ 苦瓜 300 克，红彩椒 50 克，
蒜蓉 30 克。

调料 ※ 盐适量。

做法 ※

1 苦瓜洗净，切开，去瓤，切片，用盐
水浸泡 5 分钟；红彩椒洗净，切片。

2 锅热放油，放蒜蓉爆香，放苦瓜片
炒熟，加盐、红彩椒片炒匀即可。

※ **盐水浸泡一下，苦瓜更好吃** ———

苦瓜中含有大量苦味物质，影响口感。将
苦瓜在盐水中浸泡几分钟，然后捞出，挤
干水分，可以减轻苦味。

西蓝花炒香菇　　　　增强体质

材料 ✕ 鲜香菇、西蓝花各 150 克。

调料 ✕ 葱花少许，盐适量。

做法 ✕

1 鲜香菇去蒂，洗净，入沸水中焯透，捞出，切块；西蓝花洗净，掰成小朵，入沸水中焯 1 分钟，捞出。

2 锅热放油，放葱花炒出香味，放入香菇块和西蓝花翻炒均匀，用盐调味即可。

✕ 香菇可促进胆固醇的分解和排泄

香菇含有膳食纤维，有助于促进胆固醇的分解和排泄，可帮助产后妈妈改善体内脂肪堆积问题。

素炒金针菇　　　　补肝肾、益肠胃

材料 ✕ 金针菇 200 克，水发木耳 50 克。

调料 ✕ 葱末、姜丝各少许，盐、高汤各适量。

做法 ✕

1 金针菇洗净，去根；木耳洗净，撕成小朵。

2 锅热放油，爆香葱末、姜丝，放木耳翻炒几下，放金针菇、盐、高汤翻炒至熟即可。

✕ 金针菇配木耳，润肠通便

金针菇和木耳都富含膳食纤维和多糖类物质，热量低。非常适合产后便秘以及需要控制体重的哺乳妈妈食用。

口蘑烧腐竹　　　　　　健身宁心

材料 ※ 口蘑200克，干腐竹50克，豌豆20克。

调料 ※ 盐、鲜汤、水淀粉各适量。

做法 ※

1 干腐竹放冷水中泡软，捞出切段，焯熟；口蘑去蒂，洗净，切片；豌豆洗净，沥干水分。

2 锅热放油，放入豌豆炒至六成熟，放入腐竹段、口蘑片、鲜汤，大火烧开，用水淀粉勾芡，加盐调味即可。

※ 冷水泡腐竹，软韧口感好

用热水泡腐竹，腐竹易质硬，口感差；用冷水浸泡腐竹，腐竹可以吸足水分，从而质地软韧，吃起来口感更佳。

草菇烩豆腐　调节免疫力

材料 ✕ 草菇、豆腐各 200 克，熟豌豆
　　　 20 克。

调料 ✕ 葱末、姜末各少许，盐、白糖、
　　　 水淀粉各适量。

做法 ✕

1 草菇洗净，切两半，用白糖水泡 10
　 分钟；豆腐洗净，切小方块。

2 锅热放油，放葱末、姜末爆香，放
　 草菇翻炒几下，放豆腐块，加盐炒
　 至入味，放熟豌豆炒匀，用水淀粉
　 勾芡即可。

✕ 糖水泡草菇，味道更鲜美 ————

将清洗干净的草菇放入白糖水中浸泡一会
儿，这样草菇可以快速吸收水分，保持原
有香味，还吸收了糖分，炒出来味道更加
鲜美。

平菇烧白菜　增强体质

材料 ✕ 平菇 150 克，白菜 200 克。

调料 ✕ 姜末少许，盐、生抽各适量。

做法 ✕

1 白菜洗净，切片；平菇洗净，撕成
　 条，用沸水焯水，捞出沥干。

2 锅热放油，放姜末爆香，放入白菜
　 片和平菇条翻炒，加盐、生抽炒熟
　 即可。

✕ 平菇要清洗彻底，确保饮食卫生 ——

平菇盖下面的褶皱很容易附着灰尘等脏东
西，将平菇褶皱朝下在淡盐水中浸泡一会
儿，然后再沿着一个方向搅动，可以使褶
皱中的脏东西自然掉落下来，将平菇洗干
净，从而确保产后妈妈的饮食卫生。

清蒸狮子头　　　补虚养身

材料 ※ 五花肉 250 克，荸荠 120 克，
　　　　生菜 50 克，鸡蛋 1 个。

调料 ※ 葱末、姜末各少许，盐适量。

做法 ※

1 鸡蛋打入碗中，搅散；五花肉洗净，
切末；荸荠洗净，去皮，切末。

2 将五花肉末、荸荠末加盐、姜末、
鸡蛋液放入碗中，充分搅拌，团成
球状，即成"狮子头"；生菜洗净，
铺在盘底。

3 将"狮子头"放入盘中，撒上葱末，
蒸 1 小时，取出，放入盘中即可。

鱼香茄子煲　　　开胃促食

材料 ※ 茄子 350 克，猪肉末 100 克，
　　　　冬笋 50 克。

调料 ※ 葱末、姜末、蒜末、盐各少
许，生抽、白糖、豆瓣酱、高
汤、淀粉各适量。

做法 ※

1 茄子洗净，切条；猪肉末加淀粉和生
抽腌渍 10 分钟；冬笋洗净，切丝。

2 锅热放油，放葱末、姜末、蒜末、
豆瓣酱爆香，放猪肉末炒至变色，
放茄子条、冬笋丝翻炒几下。

3 锅中加生抽、盐、白糖和高汤，大
火烧至茄子条入味，然后倒入预热
的小煲内，小火焖 5 分钟即可。

肉丝炒芹菜　　润肠胃、促消化

材料 ※ 芹菜 250 克，猪瘦肉 100 克。

调料 ※ 盐少许。

做法 ※

1 芹菜去叶，洗净，切长段；猪瘦肉洗净，切丝。

2 锅热放油，放入肉丝炒至变色，加入芹菜段、盐，炒至芹菜断生即可。

※ 芹菜对血压有双向调节作用 ────

大家都知道高血压的人适合常吃芹菜，但芹菜也是含钠较高的食材，所以对于血压正常或偏高的人来说，烹饪芹菜时，要少放盐。

肉丝炒茭白　　　　　补虚健体

材料 ※ 茭白250克，猪瘦肉100克。

调料 ※ 葱末、姜末各少许，盐、白糖、酱油、淀粉各适量。

做法 ※

1 猪瘦肉洗净，切丝，用酱油、淀粉抓匀腌一会儿；茭白去老皮，切丝，焯水。

2 锅热放油，放入腌渍好的肉丝，炒至变色后盛出。

3 另起锅，倒油烧热后，放葱末、姜末爆香，放入茭白丝，加盐、白糖炒熟，放入肉丝翻炒几下即可。

肉丝炒茶树菇　　　　调节免疫力

材料 ※ 鲜茶树菇200克，猪里脊150克。

调料 ※ 蒜末少许，酱油、盐、淀粉各适量。

做法 ※

1 里脊洗净，切丝，用少许酱油、淀粉腌渍10分钟；鲜茶树菇洗净。

2 锅热放油，爆香蒜末，放肉丝炒至变色，放茶树菇炒熟，加酱油、盐调味即可。

※ 鲜茶树菇用盐水泡一泡，更干净 ──

茶树菇是一种非常好的菌类食物，清洗时，用淡盐水浸泡5分钟，有助于带走其中的泥沙，清洗得更干净。

肉片炒杏鲍菇　　　开胃、补铁

材料 ※ 杏鲍菇250克，猪瘦肉200克，红彩椒100克。

调料 ※ 酱油、蚝油、淀粉各适量。

做法 ※

1 杏鲍菇洗净，切片；猪瘦肉和红彩椒分别洗净，切片，猪瘦肉加酱油、淀粉抓匀，腌10分钟。

2 将蚝油、酱油拌匀成酱汁待用。

3 锅中热油，下猪瘦肉片和红彩椒片炒散，入杏鲍菇片炒匀。

4 倒入调好的酱汁，盖上锅盖，小火煮3~5分钟，大火略收汁即可。

※ 腌渍肉片加淀粉更鲜嫩 ————

腌渍肉片的时候加一些淀粉拌匀，在炒的时候肉片由于受到淀粉层的保护，不直接与油接触，不容易老，口感鲜嫩，容易消化，更适合产后妈妈食用。

萝卜干炖肉

开胃消食

材料 ✕ 萝卜干200克，五花肉500克。

调料 ✕ 酱油适量，葱末、姜末、大料
各少许。

做法 ✕

1 萝卜干洗净，泡软，挤干水分；五
花肉洗净，切块。

2 锅热放油，倒入五花肉块煸香，放
葱末、姜末、大料爆香，加酱油翻
炒，加萝卜干大火翻炒2分钟，加
适量沸水，大火烧开后转中火炖至
汤汁收尽即可。

红烧排骨 　　滋阴补血

材料 ✕ 猪小排 400 克。

调料 ✕ 白糖、醋、盐各适量，葱花、
　　　　　姜末各少许。

做法 ✕

1 猪小排洗净，焯一下。

2 锅热放油，放入白糖并用铲子不停
搅动至化开炒制糖色，放入猪小排
小火翻炒 2 分钟，上色后盛出备用。

3 另起锅烧热放油，将姜末放入锅中，
加入醋、盐炒香，倒入适量水大火
烧开，倒入上色后的猪小排，转小
火烧至猪小排肉烂，撒上葱花即可。

彩椒炒藕丁 　　健脾润肺

材料 ✕ 莲藕、彩椒、火腿各 150 克。

调料 ✕ 盐、白糖各适量，蒜片、姜片
　　　　　各少许。

做法 ✕

1 莲藕去皮，洗净，切小丁，用清水
浸泡 5 分钟后捞起沥干水分；彩椒洗
净，去蒂除子，切丁；火腿切丁。

2 锅热放油，放蒜片、姜片爆香，倒
入火腿丁炒香，再放入莲藕丁翻炒
片刻，加入盐、白糖翻炒 2 分钟后焖
一会儿，放入彩椒丁炒至断生即可。

土豆烧牛肉　　　　增强体力

材料 ※ 牛肉400克，土豆200克。

调料 ※ 葱丝、姜片、香菜段各少许，盐、白糖、酱油各适量。

做法 ※

1 牛肉洗净，切块，焯水；土豆去皮，洗净，切块。

2 锅热放油，放入葱丝、姜片爆香，放牛肉块、白糖、酱油翻炒几下，倒入砂锅中，加清水炖约50分钟，加土豆块继续炖至熟软，加盐，撒香菜段即可。

※ 冷水入锅焯水，牛肉无血污 ————

牛肉直接放入沸水中，沸水会将血水凝固住，使血污无法排出，导致牛肉有一股血腥味。冷水下锅焯水，口感更好，肉质鲜嫩，更适合产后妈妈食欲不佳时食用。

萝卜炖牛腩　　　消水肿、补气力

材料 ※ 牛腩400克，白萝卜200克。

调料 ※ 葱末、姜片各少许，大料1个，盐、酱油各适量。

做法 ※

1 牛腩洗净，切块，焯水后捞出；白萝卜洗净，去皮，切块。

2 将牛腩块、姜片、大料放入锅中，加入适量热水，炖2小时，加白萝卜块、酱油炖熟，放盐，撒葱末即可。

※ 热水炖牛腩，肉质软烂易吸收 ————

牛腩在焯水之后遇冷水肉质易收紧，很难再煮烂，所以焯水后的牛腩一定要用温水或热水冲洗和炖煮，这样牛腩才能软烂香嫩，产后妈妈也更容易消化吸收。

黑胡椒牛柳　　　补铁补锌

材料 ✕ 牛里脊肉、洋葱各 200 克。

调料 ✕ 黑胡椒碎、盐、老抽、白糖、水淀粉各适量。

做法 ✕

1. 洋葱洗净，切丝；牛里脊肉洗净，用刀背拍松，切成片，倒入黑胡椒碎、盐、老抽、白糖、水淀粉搅匀后腌制 20 分钟。

2. 锅热放油，放腌好的里脊片，迅速滑散，变色后盛出；留底油炒洋葱丝，倒入少许清水烧开，放炒好的里脊片翻炒，出锅前用水淀粉勾芡即可。

※ **炒牛柳把握好火候，口感才好** ——

牛里脊肉在翻炒的时候要宽油滑炒，油温上来，下牛肉，迅速用铲子推散至熟即可。没完全炒熟则有感染寄生虫的风险；炒得太过则肉质变硬收缩，影响口感和菜的品相。

白萝卜羊肉卷 促消化、益精气

材料 ✕ 羊肉 250 克，白萝卜 150 克。

调料 ✕ 葱末、姜末各少许，盐、酱油各适量。

做法 ✕

1 羊肉洗净，去筋膜，放入料理机中，加入葱末、姜末、盐和酱油，打成泥；白萝卜洗净，去皮，切薄片，用沸水煮 3 分钟，捞出。

2 将羊肉泥放在白萝卜片上，卷好，接口朝下放入蒸锅中，水开后大火蒸 15 分钟即可。

✕ **白萝卜 + 羊肉，有利于营养吸收** ——

白萝卜能润燥清火，去油腻，帮助消化，非常适合与羊肉一起食用。

葱爆羊肉　　　　　　生肌健力

材料 ✕ 羊肉片 300 克，大葱 150 克。

调料 ✕ 酱油、醋、香油各适量，淀粉少许。

做法 ✕

1 羊肉片洗净，放入碗中，再放入酱油及淀粉，抓匀，腌渍 15 分钟；大葱洗净，斜切成段。

2 锅热放油，放入羊肉片大火翻炒至变色，将葱段放入锅中，略翻炒后沿锅边淋入酱油，略翻炒后沿锅边淋入醋，滴香油，炒至大葱断生即可。

红烩羊肉　　　　　　补血暖身

材料 ✕ 羊肉 350 克，番茄、洋葱各100 克。

调料 ✕ 番茄酱、淀粉、盐、酱油各适量。

做法 ✕

1 羊肉洗净，切块，撒上淀粉搅拌均匀；番茄洗净，切块；洋葱洗净，切丁。

2 锅热放油，倒入羊肉块煎至金黄，淋入酱油，焖 2~3 分钟，盛出备用。

3 另起锅烧热放油，油热后放入洋葱丁炒香，加入番茄酱煸炒，再倒入羊肉块、番茄块、适量清水烧开，加盐，转小火烩熟即可。

栗子烧鸡　　　　　　　　滋阴补气

材料 ※ 白条鸡 250 克，栗子肉 100 克。

调料 ※ 葱末、姜片各少许，酱油、白糖、高汤、盐、香油各适量。

做法 ※

1 白条鸡洗净切块，焯水；栗子肉洗净。

2 锅热放油，爆香姜片，放入鸡块、栗子肉、酱油、盐、白糖翻炒至金黄，加高汤大火烧开，改小火炖熟后加香油调味，撒葱末即可。

田园炖鸡　　　　　　　　补虚强体

材料 ※ 鸡半只，玉米棒 1 根，土豆150 克，洋葱、柿子椒、红彩椒各 50 克。

调料 ※ 盐、酱油各适量，葱段、姜片、蒜片各少许。

做法 ※

1 鸡处理干净，切块，焯水捞出；玉米洗净，切小块；土豆去皮，洗净，切块；洋葱洗净，切块；柿子椒、红彩椒洗净，切片。

2 锅热放油，放入葱段、姜片、蒜片煸香，倒入鸡块、酱油翻炒，加水烧开，加玉米块、土豆块炖至熟，再加入洋葱块、柿子椒片、红彩椒片，略翻炒后加盐即可。

荷香糯米鸡　　　　　补中益气

材料 ※ 鸡腿肉250克，糯米100克，荷叶2片。

调料 ※ 葱段、姜片各少许，生抽、盐各适量。

做法 ※

1　鸡腿肉洗净，切块，加生抽、盐、葱段、姜片腌渍一夜；糯米洗净，清水浸泡4小时；荷叶洗净。

2　将鸡肉块、糯米、生抽放入碗中拌匀，然后放到荷叶上，包起来，用棉线捆绑牢。

3　锅内加水大火烧开，把包好的糯米鸡放入锅内蒸50分钟即可。

豆角烧鸭

健脾养胃

材料 ※ 鸭肉 300 克，豆角 200 克。

调料 ※ 姜片、蒜片、柠檬片各少许，
盐、老抽、白糖各适量。

做法 ※

1 鸭肉洗净，切块，放柠檬片抓拌均
匀；豆角去筋，洗净，掰成小段。

2 锅热放油，爆香姜片、蒜片，放鸭
块炒至鸭肉发白，加盐、白糖、老
抽翻炒至鸭肉七成熟时放豆角段，
烧熟即可。

※ **用柠檬果肉和汁按摩鸭肉，
可去除腥味**

取半个柠檬的果肉和汁，涂抹在鸭肉上，来
回均匀地按摩 5 分钟，可以去除鸭子腥味。

山药焖鸭 　　滋阴补肺

材料 ※ 鸭肉 300 克，山药 150 克。

调料 ※ 姜片、葱末各少许，老抽适量。

做法 ※

1 鸭肉洗净，切块；山药去皮，洗净，切滚刀块。

2 锅热放油，放姜片爆香，放鸭肉块炒至鸭肉发白，放山药块，加老抽炒匀，倒入适量清水，大火烧开后转小火焖 30 分钟，大火收汁，放上葱末即可。

※ 不吃鸭油，避免长肉

食用鸭子时可经过焯烫、去浮油两道程序，或者在吃时，去掉脂肪含量多的鸭皮，可减少脂肪的摄入量。

子姜烧鸭 　　助消化、防水肿

材料 ※ 鸭肉 300 克，子姜 50 克。

调料 ※ 蒜片少许，盐、香油各适量。

做法 ※

1 鸭肉洗净，切块，用少许盐腌渍 30 分钟；子姜洗净，切丝。

2 锅热放油，放入蒜片、子姜丝爆香，倒入鸭块，加盐继续翻炒，加适量清水烧至鸭肉熟烂，滴入香油即可。

※ 子姜 + 鸭肉，健胃又消肿

子姜可以促进体内的血液循环，增进食欲，起发汗、解热、止痛和健胃的效果。鸭肉可利水消肿，滋阴补肾。子姜与鸭肉搭配食用健胃清热又利尿消肿。

番茄鱼片 开胃补脑

材料 ✕ 净鲤鱼 250 克，番茄 150 克。

调料 ✕ 姜丝、蒜片各少许，水淀粉、白胡椒粉、盐各适量。

做法 ✕

1 净鲤鱼切片，加入水淀粉、盐、白胡椒粉拌匀，腌渍 30 分钟；番茄洗净去皮，切小块。

2 锅热放油，爆香姜丝、蒜片，放入番茄块翻炒出汁，加适量清水烧开，放入鱼片煮 3 分钟，加盐调味即可。

红烧带鱼 暖胃补虚

材料 ✕ 带鱼 500 克。

调料 ✕ 葱段、姜片、淀粉、酱油、白糖、醋各适量，盐少许。

做法 ✕

1 带鱼去头、尾，洗净，沥干水分，切段，两面拍上一层薄薄的淀粉。

2 平底锅中涂少许植物油，小火烧热，放入带鱼煎至两面金黄 。

3 另起锅，倒入底油，爆香葱段、姜片，将煎好的带鱼放入，放酱油、白糖翻炒片刻，加开水没过带鱼，放入醋，大火烧开后改中火烧至汤汁渐干，加入盐即可。

家常烧黄鱼　　健脾开胃

材料 ❋ 黄花鱼 400 克，猪肉 80 克，冬笋 50 克，干香菇 4 朵。

调料 ❋ 葱段、姜片、蒜片各少许，盐、酱油、白糖、醋各适量。

做法 ❋

1 黄花鱼收拾干净，在鱼身两侧划斜刀，刀距约 2 厘米，刀深至骨，将酱油刷在鱼身两侧，使其入味；猪肉、冬笋洗净，切片；香菇泡发，去蒂，切片。

2 锅热放油，放入黄花鱼，待煎至两面金黄后盛出，沥油。

3 另起锅烧热放油，待油热后放入葱段、姜片、蒜片爆香，放入肉片、笋片、香菇片煸炒，放黄花鱼，加酱油、盐、适量清水，大火烧开后转小火煮 15 分钟，加白糖、醋，大火收汁，撒葱段即可。

❋ 烧鱼时，最好加点醋 ——

炖鱼时加些醋能去腥，还有增加鲜味的作用。

虾扯蛋 益气安神

材料 ╳ 大虾 100 克，鹌鹑蛋 6 个，芦笋 50 克。

调料 ╳ 胡椒粉、盐、生抽各适量。

做法 ╳

1 大虾只留尾部壳，背部划一刀但不划断，去虾线，洗净，用盐和胡椒粉腌渍 15 分钟；芦笋洗净切丁，煮熟后捞出，沥干。

2 在模具上刷油防粘，将腌渍好的虾每个模具中放入一只，每个模具打入 2 个鹌鹑蛋。

3 将模具放入蒸锅大火蒸 3 分钟左右出锅，码上芦笋丁，浇上生抽即可。

白灼虾仁芥蓝 补虚强骨

材料 ╳ 芥蓝 200 克，虾仁 100 克。

调料 ╳ 酱油、白糖、盐、水淀粉各适量，香油少许。

做法 ╳

1 芥蓝洗净，用沸水焯至断生，捞出；虾仁洗净，放入盐、水淀粉，抓匀后腌渍 20 分钟。

2 锅热放油，放虾仁滑散后倒在焯好的芥蓝上，将酱油、白糖、盐、香油和少许水对成白灼汁倒入锅内，烧开后浇在虾仁和芥蓝上即可。

╳ **芥蓝加点白糖，不苦更美味**

芥蓝含有丰富的生物碱，使其味道微苦带涩。在烹制芥蓝时加点白糖可以中和苦味，吃起来更加美味。

清蒸牡蛎　　补锌、安神

材料 ※ 鲜牡蛎300克。

调料 ※ 生抽、香油、姜末各适量。

做法 ※

1 鲜牡蛎刷洗干净；生抽加香油、姜末调成味汁。

2 锅内放水烧开，将牡蛎平面朝上、凹面向下放入蒸屉，蒸至牡蛎开口，再虚蒸3分钟，出锅，蘸味汁食用即可。

※ **牡蛎煲汤或清蒸，营养价值更高**

牡蛎具有高蛋白、低糖、低脂、高锌的优点，煲汤或清蒸食用，营养更容易被人体消化吸收。

葱烧海参　　滋阴补肾

材料 ※ 水发海参200克，葱白50克，枸杞子5克。

调料 ※ 姜片少许，酱油、盐、葱姜汁、水淀粉各适量。

做法 ※

1 水发海参洗净，用沸水焯一下；葱白洗净，切段；枸杞子洗净。

2 锅热放油，放葱白段爆香，加酱油、葱姜汁、姜片、枸杞子、海参烧10分钟，加盐，用水淀粉勾芡即可。

※ **海参对产后调养有益**

海参高蛋白、低脂肪、能帮助产后妈妈补充蛋白质，促进恢复，还不易引起肥胖。

自制果蔬汁、五谷豆浆
纯天然食材，尽享原汁原味的滋养

蔬果汁

黄瓜猕猴桃汁　　养颜减脂

材料 ✕ 黄瓜 100 克，猕猴桃 50 克，葡萄柚、柠檬各 20 克。

做法 ✕
1 黄瓜洗净，切小块；猕猴桃洗净，去皮，切小块；葡萄柚、柠檬分别去皮除子，切小块。
2 将上述材料和适量饮用水放入榨汁机中榨成汁即可。

✕ 猕猴桃 + 黄瓜，有助于减肥 ————
猕猴桃含较丰富的钾和维生素 C，与黄瓜搭配榨汁，可抑制脂肪堆积，有助于产后妈妈减肥。

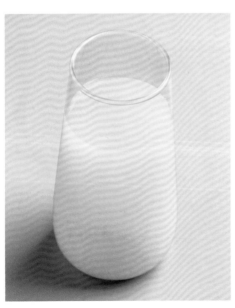

苹果莲藕汁　　通乳、促消化

材料 ✕ 苹果 100 克，莲藕 50 克。
调料 ✕ 蜂蜜适量。

做法 ✕
1 苹果洗净，去皮除核，切小块；莲藕洗净，切小块。
2 将上述材料放入榨汁机中，加入饮用水搅打，打好后倒入杯中，加入蜂蜜调匀即可。

✕ 苹果 + 莲藕，减少脂类吸收 ————
苹果可促进钠的排出，莲藕中的黏蛋白和膳食纤维可减少脂类的吸收，一起食用减肥效果更优。

黑芝麻南瓜汁　　**明目、防脱发**

材料 ※ 南瓜 100 克，熟黑芝麻 25 克。

做法 ※

1 南瓜洗净，去瓤，切小块，放入蒸
锅中蒸熟，去皮，凉凉备用。

2 将蒸南瓜块和熟黑芝麻放入榨汁机
中，加入适量饮用水榨成汁即可。

※ 南瓜 + 黑芝麻，明目、防脱发 ──

南瓜中含有丰富的钾离子和膳食纤维，可
以促进体内多余的钠排出；黑芝麻含酪氨
酸酶等有益成分。二者搭配食用，对明目、
防脱发有益。

桂花酸梅汤　　**健胃消食**

材料 ※ 乌梅 50 克，山楂、陈皮各 20
克，甘草、糖桂花各 5 克。

调料 ※ 冰糖适量。

做法 ※

1 乌梅、山楂、甘草、陈皮洗净，装
在纱布袋中，扎紧口，放入锅中，
加适量清水，大火烧开，加入糖桂
花、适量冰糖，转中火熬煮 30 分
钟，待汤汁变浓关火。

2 酸梅汤凉凉，装入瓶中即可。

※ 桂花 + 乌梅，清热解暑 ──

二者搭配，有清热解暑、益气润肺的功效，
对于产后妈妈因暑热引起的头晕目眩或四
肢乏力等症状也有一定的缓解。

胡萝卜枸杞子汁 　　**养肝明目**

材料 ⋇ 胡萝卜100克，枸杞子20克。

调料 ⋇ 蜂蜜适量。

做法 ⋇

1 胡萝卜洗净，去皮，切小块；枸杞子用温水泡软，洗净捞出，沥干水分。

2 将胡萝卜块和枸杞子放入榨汁机中，加入适量凉白开打成汁倒入杯中，加蜂蜜调味即可。

⋇ 胡萝卜 + 枸杞，消食又护眼 ——

胡萝卜具有健脾消食、润肠通便、行气化滞、明目等功效；枸杞子有提高机体免疫力，滋补肝肾的作用。二者同食，有助于眼睛健康。

二豆山楂水 　　**开胃、消肿**

材料 ⋇ 红豆、绿豆各30克，山楂20克，红枣3枚。

做法 ⋇

1 红豆、绿豆洗净，用水泡4小时，捞出备用；红枣和山楂洗净，去核。

2 将所有材料一起放入锅中，加入适量水，大火烧开，转小火煮至豆熟烂即可。

⋇ 山楂 + 红豆，开胃又消肿 ——

山楂中含有丰富的黄酮类、三萜皂苷类、脂肪酸等，可以促进脂肪和蛋白质的消化和分解；红豆含有较多的皂角苷，具有一定的利尿消肿作用；二者搭配既开胃又消肿。

木耳花生黑豆浆　　补血、催乳

材料 ✕ 水发木耳15克，黑豆、花生米各30克。

做法 ✕

1 黑豆用清水浸泡一夜，洗净；木耳去蒂，洗净，切碎；花生米洗净。

2 将黑豆、木耳碎、花生米倒入豆浆机中，加水至上下水位线之间，按下"豆浆"键，待豆浆机提示做好后即可。

燕麦小米豆浆　　控糖减脂

材料 ✕ 黄豆40克，小米、燕麦片各20克。

做法 ✕

1 黄豆用清水浸泡4小时，洗净，沥干水分；小米、燕麦片分别洗净，沥干水分。

2 将小米、燕麦片和泡发的黄豆一起倒入豆浆机中，加入适量水，按下"五谷豆浆"键，待豆浆机提示做好后倒入杯中即可。

蓝莓酸奶　　　　促进新陈代谢

材料 ✕ 牛奶200克，酸奶发酵粉1克，蓝莓50克。

调料 ✕ 冰糖适量。

做法 ✕

1 将一个碗用沸水烫一遍，用厨房用纸擦干，倒入100克牛奶，加入酸奶发酵粉，搅匀，把剩余的牛奶和冰糖倒入碗中，拌匀，放入酸奶机中，发酵8小时；蓝莓洗净，部分切块待用。

2 把部分蓝莓和冰糖放入无油无水的锅中，小火加热，待冰糖化开、蓝莓呈果酱状，关火盛出，凉凉，剩余蓝莓从中间切开。

3 将发酵好的酸奶分盛入高温杀菌过的玻璃瓶中，上面放蓝莓果酱和蓝莓块即可。

牛奶花生 养血通乳

材料 ✕ 牛奶 200 克，花生米、水发银耳各 30 克，枸杞子 10 克，红枣 2 枚。

做法 ✕

1 水发银耳洗净，撕成小朵；花生米、枸杞子洗净；红枣洗净，去核，切小块。

2 将花生米、水发银耳、枸杞子、红枣块放入碗中，加适量清水，放入锅中蒸 1 小时，加入牛奶搅匀即可。

果仁酸奶 补钙、利尿通便

材料 ✕ 酸奶 300 克，核桃仁、腰果、开心果仁各 10 克，草莓 50 克。

做法 ✕

1 草莓洗净，切小丁。

2 将酸奶倒入碗中，放入草莓丁、核桃仁、腰果、开心果仁，拌匀即可。

红豆双皮奶 促进钙吸收

材料 ✕ 牛奶 240 克，熟红豆 20 克，鸡蛋 2 个。

调料 ✕ 白糖适量。

做法 ✕

1 鸡蛋取蛋清，加白糖搅匀。

2 牛奶用中火煮开，倒入碗中，凉凉后挑起奶皮，将牛奶缓缓倒进蛋清中，将奶皮留在碗底。

3 把蛋清牛奶混合物倒入碗底留有奶皮的碗中，奶皮会自动浮起来，蒙上保鲜膜，隔水蒸 15 分钟，关火闷 5 分钟，冷却后加上熟红豆即可。

冲绳黑糖姜茶　　　　补血散寒

材料 ✕ 冲绳黑糖 20 克，老姜 15 克。

做法 ✕

1 老姜洗净，切片，放入锅中，加适量清水，大火烧开后转小火煮 10 分钟。

2 将姜片捞出，加入冲绳黑糖煮化即可。

✕ 黑糖 + 老姜，补血又散寒————

黑糖的多酚和铁要比红糖更多，多酚类物质具有抗氧化功能；而铁能补血。老姜有散寒的作用，二者一起食用，可帮助产后妈妈补血散寒。

蜂蜜柚子茶　　　　清热利尿

材料 ✕ 柚子 50 克。

调料 ✕ 蜂蜜、冰糖各适量。

做法 ✕

1 柚子去皮，取出果肉，去除薄皮和子，用勺子捣碎；柚皮去除白色"棉絮"内层，洗净，擦干，切丝备用。

2 将柚皮丝、果肉和冰糖放入锅中，加适量清水大火烧开，转小火熬至汤汁黏稠、柚皮金黄透亮，盛出凉凉，加入蜂蜜搅匀即可。

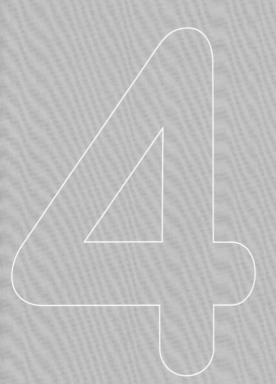

第四章 ✂

产后巧调理

选对吃对，远离月子病

恶露不尽
选活血化瘀的食物

恶露一般 3~4 周会完全排净，若过期仍淋漓不断，即称为"恶露不尽"。

产后恶露不尽的饮食原则

1 选择活血化瘀的食物，如油菜、山楂、莲藕等。

2 血热、血瘀、肝郁化热的新妈妈，可以喝一些清热化瘀的蔬果汁，如藕汁、梨汁、橘汁、西瓜汁等，但要注意温热后饮用。

3 产后服用生化汤可活血散寒、祛瘀止血，帮助排出体内恶露。但要注意服用时间，通常产后第 3 天开始服用，服用 7~10 天即可。

山楂红糖水　　　　　　散寒活血

材料 ⁑ 山楂 50 克。

调料 ⁑ 红糖适量。

做法 ⁑

1 山楂洗净，去核。

2 山楂、红糖和适量清水放碗中，隔水蒸半小时即可。

⁑ **山楂活血化瘀，促进恶露排出**

山楂是很常见的食物，也是一味中药，可活血通脉。红糖可化瘀生津、散寒活血、暖胃健脾、缓解疼痛，以每天食用 20 克为宜。山楂红糖水持续喝 7~10 天即可。

糯米阿胶粥 　　　改善恶露不尽

材料 ※ 糯米 40 克，大米、阿胶各
　　　10 克。

调料 ※ 红糖少许。

做法 ※

1 糯米、大米分别淘洗干净，放入锅
　中，加适量清水煮至粥熟。

2 粥熟后，放入阿胶和红糖，边煮边
　搅匀，煮沸至红糖和阿胶化开即可。

生化汤 　　　散瘀止血

材料 ※ 当归 20 克，川芎 15 克，炮姜、
　　　炙甘草各 1 克，桃仁（去皮、
　　　尖）10 克。

调料 ※ 黄酒适量。

做法 ※

1 将桃仁敲碎后与当归、川芎、炙甘
　草、炮姜一起放入锅中，加入等量
　的黄酒和水（以没过药材为宜）煎
　成一碗。

2 每天正餐前空腹喝 50 克。

木瓜凤爪汤 　　　补气养血

材料 ※ 鸡爪 200 克，木瓜 100 克，红
　　　枣 5 枚。

调料 ※ 盐适量。

做法 ※

1 鸡爪洗净，去爪尖；红枣洗净，去
　核；木瓜洗净，去皮除子，切块。

2 锅内加入适量清水，大火烧开，放
　入鸡爪、红枣，煮至鸡爪熟烂，放
　入木瓜块煮 5 分钟，加盐调味即可。

缺乳
进食滋阴补血的食物

产后妈妈在哺乳时乳汁甚少或全无，不足够甚至不能喂养宝宝，称为产后缺乳。

产后缺乳的饮食原则

1 注意合理膳食，均衡营养，尤其要摄入蛋白质、维生素、钙、铁等营养素，以供给足够的造血、泌乳原料。如瘦肉、海产品、蛋类、大豆及其制品、新鲜果蔬等。

2 每天最好保证 500 克的牛奶，既可以补充蛋白质和钙，也可以补充水分。这些都是泌乳不可缺乏的营养物质。

3 适当多吃补血的食物，促进乳汁分泌。如动物肝脏、动物血、红肉等。

花生猪蹄汤　　　　促进乳汁分泌

材料 ※ 净猪蹄 400 克，花生米 50 克，枸杞子 5 克。

调料 ※ 盐适量，葱段、姜片各少许。

做法 ※

1 猪蹄洗净，剁块，焯水；花生米浸泡 30 分钟。

2 锅中加清水，放入猪蹄块、葱段、姜片，大火煮沸，改小火炖 1 小时，放入花生米再煮 1 小时，加枸杞子煮 10 分钟，加盐调味即可。

※ 先去浮末后放盐，
汤既不腻又有营养

煲汤期间用汤勺把浮上来的油脂去掉，这样能得到不油腻的好汤。另外，汤不要过早放盐，否则会让蛋白质过早的凝固。

通草鲫鱼汤　　　　补虚通乳

材料 ※ 鲫鱼1条，通草3克。

调料 ※ 姜片少许，盐适量。

做法 ※

1 鲫鱼去鳞，开膛，去内脏、鳃等，
　用清水洗净、沥水；通草洗净。

2 锅热放油，放入鲫鱼煎至两面金黄，
　放入通草和姜片，加水炖1小时后，
　加盐即可。

丝瓜络煮对虾　　　　补气催乳

材料 ※ 丝瓜络15克，通草10克，对
　虾2只。

调料 ※ 姜片少许，盐适量。

做法 ※

1 将丝瓜络、通草分别洗净；虾洗净，
　去虾线，剪去虾足。

2 锅中加入适量清水煮沸，将丝瓜络、
　通草和姜片放入锅中，煮15分钟，
　加对虾，快煮熟时加盐调味即可。

米酒红枣蛋花汤　　　　补血通乳

材料 ※ 米酒100克，红枣2枚，鸡蛋
　1个。

调料 ※ 红糖适量，姜丝5克。

做法 ※

1 红枣去核，切块；将鸡蛋打散备用。

2 将米酒加500克左右清水煮沸，然
　后加入红枣、姜丝煮沸，倒入鸡蛋
　液，煮沸后转用小火继续煮2~3分
　钟，加入红糖调味即可。

回乳
食用一些消导性的食物

产后不需要哺乳，或因产后妈妈有不能、不宜哺乳的疾病，或婴儿不吃母乳需断奶的时候，可予回乳。

产后回乳的饮食原则

1 饮食宜清淡，宜多食消导性的食品，如炒麦芽等。

2 忌食促进乳汁分泌的食物，如花生、猪蹄、鲫鱼等，适当减少汤水的摄入。

麦芽山楂饮   **退乳消胀**

材料 ※ 麦芽 10 克，山楂 3 克。

调料 ※ 赤砂糖 5 克。

做法 ※

1 将山楂切片，与麦芽分别炒熟。

2 取炒麦芽、炒山楂加水 1 碗，共煎 15 分钟，取汁，加入红糖调味即可。

※ 麦芽炒到棕黄色，回奶效果好 ——

把麦芽按清炒的方法炒至棕黄色，然后放入筛中去灰屑，泡水喝可起到回奶的作用。对回奶时乳房胀痛、乳汁郁积也有缓解作用，可在断奶期间饮用。

炒麦芽肉片汤　　　促进回乳

材料 ※ 麦芽 50 克，猪瘦肉 200 克，蜜枣 30 克。

调料 ※ 盐适量。

做法 ※

1 麦芽洗净，炒至棕黄色，用冷水泡 30 分钟；蜜枣洗净；猪瘦肉洗净，切片，加入盐腌 10 分钟。

2 洗净的蜜枣、麦芽和泡麦芽的水一起放入锅中，煮 30 分钟，放入瘦肉片，煮至肉片熟透即可。

※ **提前用冷水泡炒麦芽，汤的口感更佳**

将炒麦芽放入冷水里浸泡半小时，不要用沸水浸泡炒麦芽，会将麦芽表面烫熟，炒麦芽口感会发生变化，营养价值也会降低。连着泡的水一起煮汤口感更好。

乳腺炎
吃清热、通乳、消肿作用的蔬果

产后新妈妈因乳汁不能及时排空，大量浓稠的乳汁堵塞乳腺，导致乳房内出现界限不明显的硬块，并有搏动性疼痛和压痛，即为乳腺炎。

产后乳腺炎的饮食原则

1 注意合理的饮食搭配，平时多吃一些有清热解毒作用的食物，如绿豆、鱼腥草、马齿苋、白萝卜、南瓜等。

2 适当吃一些新鲜的蔬菜和水果，如大白菜、苦瓜、草莓、柑橘、无花果等，能够帮助缓解症状。

炒马齿苋　　　　　清热消炎

材料 ※ 马齿苋 300 克。

调料 ※ 姜末、蒜末各少许，盐、香油各适量。

做法 ※

1 马齿苋择去根部和老叶，洗净，切长段，入沸水锅内焯水后捞出，沥干水分。

2 锅热放油，下姜末、蒜末煸香，再放入马齿苋段，加盐翻炒均匀，淋香油，出锅装盘即可。

※ 马齿苋焯水后，味道更好

马齿苋中的草酸会令其吃起来有点酸涩，而焯水之后可以去除其中大部分的草酸，更好吃。

凉拌鱼腥草   **消炎止痛**

材料 ※ 鱼腥草 300 克。

调料 ※ 盐、醋、生抽、香油各适量。

做法 ※

1 鱼腥草去老根、须，留下嫩白根，洗净，用冷水浸泡 10 分钟，捞出控干水分待用。

2 将鱼腥草放到盆里，放入盐、生抽、醋、香油拌匀即可。

※ 除去鱼腥草的根、须，可缓解腥味 ——

鱼腥草的腥味主要来自于它的根和须，将根和须去掉，可减少腥味。再用冷水泡一下，除腥效果更好。

荸荠绿豆粥   **清热解毒**

材料 ※ 荸荠 150 克，绿豆 50 克，大米 20 克。

调料 ※ 冰糖 5 克，柠檬汁 20 克。

做法 ※

1 荸荠洗净，去皮切碎；绿豆洗净，浸泡 4 小时；大米洗净，浸泡 30 分钟。

2 锅置于火上，倒入荸荠碎、冰糖、柠檬汁和清水，煮成汤水。

3 另取锅置于火上，倒入适量清水烧开，加入绿豆、大米煮熟，倒入荸荠汤水搅匀即可。

※ 荸荠 + 绿豆，抑菌又清热 ——

中医认为，荸荠性凉，具有清热消肿的作用。绿豆和荸荠搭配，可以帮助缓解乳腺肿痛。

水肿
选择利尿消肿的食物

产后由于激素水平急剧变化、卧床休息缺乏活动以及有些哺乳妈妈汤水摄入过多或者随汤摄入了过量盐分等原因，造成水分容易潴留在体内，从而出现水肿。

产后水肿的饮食原则

1 少吃高热量食物。这有助于消除水肿，可以多吃脂肪较少的瘦肉类或鱼类。

2 清淡饮食，不要吃过咸的食物。少吃或不吃难消化和易胀气的食物，如油糕、炸薯条等。低盐饮食，每天摄入盐 3~5 克，小心隐形盐（咸味调料、挂面等）。

3 睡前少喝水。虽然不必控制产后妈妈的饮水量，但睡前尽量不要喝太多水。

苦瓜鸡片　　　　　　　　　消肿活血

材料 ※ 苦瓜 200 克，鸡胸肉 100 克。

调料 ※ 盐适量。

做法 ※

1 将苦瓜洗净，去子，去瓤，切薄片，焯水后捞出；鸡胸肉洗净，切薄片。

2 锅热放油，下鸡片快炒至熟，再下焯好的苦瓜片合炒，加盐调味即可。

老鸭薏米炖冬瓜　　健脾利湿

材料 ✕ 冬瓜 200 克，老鸭 300 克，薏米 40 克。

调料 ✕ 陈皮、姜片各少许，盐适量。

做法 ✕

1 薏米洗净，浸泡 4 小时；冬瓜洗净，去瓤，带皮切块；老鸭洗净，切块，冷水入锅，煮去血污，捞出洗净。

2 将老鸭、薏米、陈皮、姜片放入锅中，加入适量水，大火烧开，转小火炖 1 小时，放入冬瓜块，炖 20 分钟，放入盐即可。

✕ 鸭肉 + 冬瓜 + 薏米，
健脾利湿效果好

薏米可利尿消肿、健脾祛湿；鸭肉、冬瓜性凉，可滋阴去火，和薏米搭配有清热利尿、健脾利湿的效果。

红豆鲫鱼汤　　清热消肿

材料 ✕ 鲫鱼 1 条，红豆 50 克。

调料 ✕ 葱段、姜片、盐各适量。

做法 ✕

1 鲫鱼洗净，两面划几刀；红豆洗净，浸泡 4~6 小时。

2 红豆放入锅中，加水，大火煮开后转小火煮至红豆半熟，加入鲫鱼、葱段、姜片，大火煮开后转小火煮 30 分钟，加入盐调味即可。

失眠
食用一些能安神静心的食物

接连几天睡不好，白天心烦意乱、疲乏无力，甚至头痛、多梦、多汗、记忆力衰退，即是失眠。

产后失眠的饮食原则

1 多食 B 族维生素含量丰富的食物。B 族维生素是维持机体神经系统功能正常的重要物质，也是构成神经传导的必需物质，能够缓解心情低落、全身疲乏、食欲缺乏等症状。富含 B 族维生素的食材有瘦肉、动物内脏、鸡蛋、深绿色蔬菜、牛奶、谷类、芝麻等。

2 多吃富含钾的食物。如香蕉、柑橘、瘦肉、猪心、坚果类、绿色蔬菜、红豆、毛豆等，有稳定血压、情绪的作用。

3 睡前 1 小时吃点香蕉配酸奶，既有助于改善睡眠，又可催乳。

茯苓煲猪骨汤   **改善失眠**

材料 ╳ 猪腔骨 250 克，茯苓片 10 克。

调料 ╳ 陈皮、姜片各少许，盐适量。

做法 ╳

1 猪腔骨洗净，剁块，焯水，捞出，用清水洗净；茯苓片洗净；陈皮泡软，洗净，切丝。

2 猪腔骨、茯苓片、陈皮丝和姜片放入锅内，加入适量清水没过食材，大火煮沸，转小火慢煲 2 小时，加盐调味即可。

香蕉木瓜酸奶　　　缓解焦虑

材料 ╳ 香蕉1根，木瓜半个，酸奶100克，牛奶200克。

做法 ╳

1 木瓜洗净，去皮除子，切块；香蕉去皮备用。

2 将香蕉、木瓜块、酸奶和牛奶一起放入破壁料理机中，打30秒即可。

╳ 香蕉有助眠作用 ─────────

睡前吃一根香蕉，或者用香蕉搭配酸奶，可帮助产后妈妈安神助眠。

莲子红枣银耳汤　　　安神解郁

材料 ╳ 干银耳5克，干莲子50克，红枣3枚。

调料 ╳ 冰糖适量。

做法 ╳

1 干银耳用清水泡发，洗净，去蒂，撕成小朵；干莲子洗净，用清水泡透，去心；红枣洗净。

2 砂锅置火上，放入银耳、莲子、红枣，倒入没过锅中食材三指的水，大火煮开后转小火煮30分钟，加冰糖煮化即可。

便秘
多吃膳食纤维含量多的蔬果

新妈妈产后正常饮食，但接连好几天都出现不排大便或排便时干燥疼痛、难以排出的现象，即是便秘。

产后便秘的饮食原则

1 适当多喝汤水。使肠道得到充足的水分，以利于肠内容物通过。

2 饮食多样化。做到荤素搭配、粗细搭配，补充蛋白质不要只选择各种肉类，也可以适量选择大豆及其制品。

3 适量多吃些富含膳食纤维的新鲜蔬果。比如芹菜、胡萝卜、大白菜、莲藕、苹果、梨等，对防止产后便秘有益。

红薯甜汤 通便、补气

材料 ╳ 红薯 300 克。

调料 ╳ 红糖适量。

做法 ╳

1 红薯洗净，去皮，切小块。

2 锅置火上，加适量清水，放入红薯块，先用大火煮 2 分钟，再改用小火煮 20 分钟至熟，加入红糖搅拌均匀即可。

╳ 吃红薯可防便秘

红薯膳食纤维含量丰富，蒸食或煮食能更好地保留其所含的膳食纤维和维生素 C，能帮助产后妈妈预防和缓解便秘。

原味蔬菜汤 催乳、通便

材料 ※ 黄豆芽、紫甘蓝、丝瓜各100
克，西芹50克。

调料 ※ 盐、香油各适量。

做法 ※

1 黄豆芽洗净，掐去根部；紫甘蓝洗
净，切丝；丝瓜洗净，去皮，切小
条；西芹洗净，切段。

2 将黄豆芽、紫甘蓝丝、丝瓜条和西
芹段放入锅中，加入适量水煮至熟，
加盐和香油搅匀即可。

腰果西芹 促进排便

材料 ※ 西芹250克，腰果30克。

调料 ※ 葱末、姜末各少许，盐适量。

做法 ※

1 西芹择洗干净，切斜片；腰果入油
锅炒至变黄，沥油备用。

2 锅热放油，下葱末、姜末煸炒出香
味，倒入西芹片翻炒熟，加盐，倒
入腰果炒匀即可。

蜜枣白菜汤 通便

材料 ※ 大白菜300克，蜜枣4枚。

调料 ※ 姜片、盐、香油各适量。

做法 ※

1 大白菜择洗干净，切片。

2 锅中倒入清水，放入大白菜片、蜜
枣、姜片，大火煮沸，转中火炖10
分钟，调入盐、香油即可。

贫血
找出原因对症补原料

缺铁性贫血的症状有虚弱无力、头晕恶心、免疫力低下，严重者还会出现呼吸困难、昏厥等情况。营养不良性贫血，可出现头晕、耳鸣、头发干燥等症状，有时还会出现食欲不振、腹泻、口疮和舌炎等。

产后贫血的饮食原则

1 缺铁性贫血。需补充含铁丰富的食物，如动物肝脏、瘦肉、动物血、黄鱼干、虾仁等。以上食物以动物血、动物肝脏最佳。

2 叶酸和维生素 B_{12} 缺乏性贫血。应补充动物肝脏及肾、瘦肉、绿叶蔬菜等。

3 蛋白质供应不足引起的贫血。应补充瘦畜肉、禽肉、鱼虾、大豆及其制品等。

黑豆益母草瘦肉汤　　补肾补血

材料 ※ 猪瘦肉200克，黑豆40克，益母草、枸杞子各10克。

调料 ※ 盐、姜片各适量。

做法 ※

1 黑豆洗净，浸泡4小时；猪瘦肉洗净，切块，焯水；益母草、枸杞子分别洗净。

2 黑豆、瘦肉块、姜片、益母草、枸杞子放入锅中，加入适量清水，大火煮沸，转小火煲1.5小时，调入盐即可。

※ **黑豆 + 益母草，补血效果好**

黑豆皮提取物能够提高机体对铁元素的吸收，从而具有一定的补血效果。益母草是妇科有名的调理中药，《本草纲目》说它能"活血，破血，调经"。

猪血腐竹粥　　　　　补血、补钙

材料 ✕ 大米 80 克，猪血 150 克，水发腐竹 50 克。

调料 ✕ 葱花少许，酱油、盐各适量。

做法 ✕

1 大米、猪血、腐竹分别洗净，猪血切条，腐竹切段。

2 锅内倒水烧沸，加大米煮熟，放腐竹段、猪血条煮熟，加盐、酱油调味，撒上葱花即可。

✕ 猪血是补铁的好食材 ━━━━━

猪血富含蛋白质和铁，而且易于吸收。贫血的哺乳妈妈可以每周吃 1~2 次用猪血做的菜。

菠菜炒猪肝　　　　　改善贫血

材料 ✕ 猪肝 250 克，菠菜 150 克。

调料 ✕ 葱末、姜末各少许，酱油、淀粉、醋各适量。

做法 ✕

1 猪肝用流水洗净，放在清水里，加几滴醋，浸泡 2 小时，捞起沥干水分，用刀切成硬币厚度的片，盛入碗中，加入淀粉拌匀；菠菜择洗干净，焯水，切段，捞出沥干。

2 锅内倒油烧热，下入猪肝片，炒至变色时盛出，沥干油。

3 锅内留少许油，放葱末、姜末炒香，放入猪肝片，依次加入酱油、菠菜段，翻炒均匀即可。

缺钙
吃补钙食物、适量补充维生素 D

哺乳妈妈经常腰酸背痛，感觉足跟痛以及牙齿松动等，可能与缺钙有关。

产后缺钙的饮食原则

1 吃富含钙的食物。选择奶及奶制品、大豆及其制品、绿叶蔬菜，这些食物都有助于补钙。

2 补充维生素 D。维生素 D 是保证钙吸收的重要营养素。缺乏维生素 D 时即便钙摄入充足也不能被有效利用。补充维生素 D 的有效方式是晒太阳和口服维生素 D 制剂。

3 补钙的同时应补充蛋白质。蛋白质进入人体后分解为氨基酸，尤其是赖氨酸和精氨酸，会与钙结合形成可溶性钙盐，有利于钙的吸收。

豆腐烧牛肉末　　**补钙壮骨**

材料 ※ 豆腐 200 克，牛肉 100 克。

调料 ※ 葱花、姜片、蒜末各少许，蚝油、生抽、盐各适量。

做法 ※

1 牛肉洗净，切末；豆腐洗净，切片。

2 起锅热油，放入葱花、姜片、蒜末、蚝油、生抽炒出香味，放入牛肉末翻炒变色，加入适量水。

3 待水开后放入豆腐片，改中火煮 5 分钟，放入盐，大火收汁即可。

牛奶炖木瓜 补钙、通乳

材料 ※ 木瓜1个，牛奶250克，红枣
　　　　 3枚。

调料 ※ 冰糖适量。

做法 ※

1 红枣洗净，去核；木瓜洗净，在顶
　 部切开，将子及部分果肉刮出，
　 备用。

2 将牛奶、木瓜肉、红枣、冰糖及适
　 量水放入木瓜内，再将木瓜放入炖
　 盅炖20分钟即可。

※ 木瓜 + 牛奶，补钙又养颜

木瓜可以润肺嫩肤；牛奶有补钙、消除疲
劳等功效。二者搭配，可以加强补钙养颜
的功效，还有助通乳。

香干炒芹菜 补钙促消化

材料 ※ 芹菜250克，豆腐干（香干）
　　　　 300克。

调料 ※ 葱花、酱油各适量。

做法 ※

1 芹菜择洗净，先剖细，再切长段；
　 豆腐干洗净，切条。

2 炒锅置火上，倒油烧至七成热，用
　 葱花炝锅，下芹菜段煸炒，再放入
　 豆腐干条炒拌均匀，出锅前加酱油
　 调味即可。

脱发
适量吃补充铁和富含蛋白质的食物

产后可能会出现头发大把脱落的异常现象，即是产后脱发。

产后脱发的饮食原则

1 补充蛋白质。蛋白质摄入体内会分解为氨基酸，如头发中缺少蛋氨酸、胱氨酸等氨基酸，会引起掉发。不妨多吃一些含有此类氨基酸的食物，比如鸡蛋、大豆、黑芝麻、玉米等。

2 多吃蔬菜，因蔬菜中维生素含量高，能帮助身体更好吸收蛋白质，加速发丝生长。

3 适当补充铁质，增加造血功能，对固发很有帮助。如红肉、动物内脏、动物血、黑豆、木耳、黑芝麻等。

芝麻花生黑豆浆　　**强肾固发**

材料 ⊗ 黑豆60克，花生米30克，黑芝麻10克。

做法 ⊗

1 将黑豆、花生米浸泡6~12小时；黑芝麻洗净，沥干水分。

2 黑芝麻、黑豆、花生米一起倒入豆浆机内，加适量饮用水，启动豆浆机煮熟即可。

⊗ 黑豆 + 黑芝麻

黑豆具有乌发的功效，黑芝麻可缓解肝肾不足所致的脱发。此饮可乌发养颜、解表清热、滋养健体，改善脱发、须发早白、非遗传性白发。

第五章 ✕

巧选厨具

使用专业工具，
省时省力

破壁机
精打细末，让营养更好吸收

用破壁机将食物磨碎，更有利于产后妈妈肠道吸收食物中的营养。可以做适合产后喝的各种汤水、粥膳，如鱼高汤、鲜榨橙汁、轻脂蔬菜汁、养生米糊、紫薯山药泥粥等。

更营养健康的做法

按比例加食材。购买破壁机时，随机都配备有量杯，每次做豆浆、米糊、浓汤时，用该量杯盛食物，一次用量一杯（水位在相应上限），这样的比例做豆浆、米糊、浓汤是较为合适的，营养又美味。

芝麻栗子糊   **补钙养肾**

材料 ※ 熟栗子100克，熟黑芝麻15克。

做法 ※

1 栗子去壳、去皮，切小块。

2 全部食材倒入破壁机中，加水至上下水位线之间，按下"米糊"键，煮至破壁机提示做好即可。

※ 黑芝麻压碎，有助人体吸收

芝麻连皮一起吃不容易消化，压碎后不仅有助于香气的散发，更有利于人体吸收。

黑豆核桃薏米糊　　增强体质

材料 ✕ 黑米、薏米、核桃仁各 30 克，
黑豆 20 克。

做法 ✕

1 黑米、薏米淘洗干净，用清水浸泡 4
小时；黑豆淘洗干净，用清水浸泡
4~6 小时，核桃仁清洗干净。

2 所有食材一同倒入破壁机中，加水
至上下水位线之间，按下"米糊"
键，煮至破壁机提示做好即可。

补血五红糊　　调节免疫力

材料 ✕ 红豆、红枣、枸杞子、花生米
各 20 克。

调料 ✕ 红糖 10 克。

做法 ✕

1 红豆、红枣、花生米分别用清水浸
泡 4~6 小时，洗净；枸杞子洗净，
泡 1 小时。

2 上述食材倒入破壁机中，加水至上
下水位线之间，按下"豆浆"键，
煮至破壁机提示做好即可。

✕ 枣提前泡软会更好煮 ————

红枣提前泡软后再煮更容易煮出浓郁的枣
香，也有利于人体更好地吸收其中的营养
素，有助于产后妈妈更好地补血。

早餐机
蒸煮煎烤烙，6 分钟轻松搞定早餐

产妇产后因为大量出汗和排恶露，要损失一部分营养，坐月子时要注意早餐的品类，尽量多样些，早餐机一机多用，省时省力，轻松满足产后妈妈营养需求。

更营养健康的做法

1 一机多用更省事。想要早餐品类多样化，又不想占用太多厨具（避免清洗麻烦），早餐机是不错的选择。如上面煎虾仁，下面煮时蔬面条，搭配在一起，加上料汁，营养丰富的香煎虾仁时蔬面就做好了。

2 营养均衡一次到位。早餐机使用方便，不需要花太多功夫，又可搭配各类食材，只要把握肉禽蛋类、蔬果类、淀粉类三原则。如煎蛋饼，可以一次把面粉、蔬菜、鸡蛋全部搅拌在一起再煎熟。

鸡胸肉三明治　　　　**益气补血**

材料 ✕ 吐司 2 片，鸡胸肉 150 克，鸡蛋 1 个，番茄 100 克，生菜（也可以换成黄瓜片）适量。

调料 ✕ 盐、沙拉酱各适量。

做法 ✕

1 鸡胸肉洗净，切片，加盐腌制 15 分钟。

2 早餐机预热后倒一点油，放入腌制好的鸡胸肉片，两面煎香煎熟，取出，接着再煎一下鸡蛋。

3 拿出一片吐司，把生菜铺好挤上沙拉酱，盖上煎好的鸡胸肉，再放上切好的番茄片，挤上沙拉酱，接着放煎蛋，盖上吐司，对半切开即可。

什锦土豆泥　　增强体力、通便

材料 ╳ 土豆100克，胡萝卜、玉米粒、豌豆各20克。

调料 ╳ 蒜末少许，盐、胡椒粉各适量。

做法 ╳

1 土豆洗净，去皮，切丁；胡萝卜洗净，切丁；玉米粒、豌豆洗净备用。

2 土豆丁放入早餐机煮熟，用勺子碾成泥备用。

3 早餐机烤盘加热，淋上食用油，放入蒜末炒香，加入准备好的杂蔬翻炒3分钟，放入盐、胡椒粉，关火，加入土豆泥，用余温将土豆泥炒拌均匀，盛出即可。

香煎虾仁时蔬荞麦面　预防便秘

材料 ╳ 虾仁120克，黄瓜、菜花、荞麦面各50克，洋葱、紫甘蓝、胡萝卜各30克。

调料 ╳ 黑胡椒粉、盐各适量。

做法 ╳

1 虾仁洗净，放早餐机上煎熟；黄瓜洗净，切丁；洋葱洗净，切条；紫甘蓝洗净，切条；菜花洗净，掰小朵；胡萝卜洗净，切丁。

2 早餐机放水烧开，放入除荞麦面以外食材和盐，煮2分钟，捞出，装盘；下荞麦面和少许盐煮熟，盛出装盘。

3 撒上少许黑胡椒粉拌匀即可。

微波炉
简化烹饪，一键暖养五脏

产后妈妈尽量吃温热的食物，可以促进消化，加快恢复。微波炉可以随时热一些饭菜、汤羹或水果，做一些低脂菜也很方便快捷。

更营养健康的做法

1 对熟食进行再加热只需两三分钟，且能保持原汁原味，加热时不用对食物搅拌，能保持食物的原有形态。

2 微波炉加热的食物温度极高，容易蒸发水分，烹调时宜覆盖耐热保鲜膜或耐温玻璃盖来保持水分。

微波番茄虾　　　　　补钙强体

材料 ✕ 鲜虾 10 只。

调料 ✕ 红酒、番茄酱、酱油、白糖各适量。

做法 ✕

1 鲜虾洗净，加红酒腌渍 15 分钟；碗底抹油，放入鲜虾，盖上保鲜膜，留小口透气，高火加热 2 分钟。

2 取碗，碗底抹油，放番茄酱、酱油、白糖搅匀，放入微波炉，高火加热 1 分钟，取出，放入鲜虾，盖上保鲜膜，留小口，高火再加热 1 分钟即可。

微波茄汁冬瓜　　　利尿消肿

材料 ✕ 冬瓜 300 克，番茄 1 个。

调料 ✕ 盐适量，姜丝少许。

做法 ✕

1 冬瓜洗净，去皮，切片；番茄洗净，切片备用。

2 将适量盐加少许纯净水，搅拌至完全化开。

3 冬瓜片放微波器皿中，在冬瓜片间隔摆入番茄片，撒姜丝，淋上少许盐水，覆盖保鲜膜，扎几个小孔，大火微波 15 分钟即可。

微波蜜汁排骨　　　补益气血

材料 ✕ 猪小排 300 克，蜂蜜 30 克。

调料 ✕ 盐、酱油各适量。

做法 ✕

1 猪小排洗净，切小段，加盐、酱油、蜂蜜腌渍 30 分钟，盖上保鲜膜，用牙签扎几个小洞。

2 将排骨放入微波炉中，中高火加热 35 分钟，取出，逐个翻面，再用中高火加热 5 分钟即可。

✕ **排骨表面微干，品质好**

用手摸排骨时感觉肉质紧密，表面微干或略显湿润且不黏手的，按下后的凹印可迅速恢复则是好排骨。

电炖锅
慢炖无须看管，方便易做，营养不流失

　　用电炖锅慢火煮粥、炖汤等，可以使食材和调料的味道充分释放出来，营养也不易流失。用电炖锅炖的粥、汤等软烂且香味浓，特别适合产后妈妈食用。

更营养健康的做法

1 在选择快炖或慢炖功能之前，一定要先了解食材的性质，并选用适合的挡位来炖煮食材。

2 一般白肉类如鸡、鸭、鱼肉可以使用快炖功能。

3 牛、羊、猪肉等红肉类食材最好使用慢炖功能，这样能保证食材具有比较软烂的口感，让加工出来的荤品营养更丰富，更适合产后妈妈食用。

土豆炖猪肉　　　　增强食欲

材料 ✕ 猪肉 400 克，土豆 200 克。

调料 ✕ 葱段、姜片、花椒、大料各少许，白糖、老抽、盐各适量。

做法 ✕

1 土豆洗净，去皮，切成小条；猪肉洗净，切块，放沸水中焯去血沫。

2 电炖锅内胆里放上葱段、姜片、花椒、大料，再倒入焯过的猪肉块，放少许油、白糖、盐、老抽，倒入清水没过猪肉，按下"煮炖"键。

3 待电炖锅跳到保温挡后，打开锅盖，倒入土豆条，按下"煮炖"键，等电炖锅再次跳到保温挡即可。

电炖锅盐焗鸡　　　滋补气血

材料 ✕ 鸡1只。

调料 ✕ 姜片少许，盐焗鸡粉半包。

做法 ✕

1 鸡治净，放入沸水中快速焯水，凉凉，均匀抹上盐焗鸡粉，包上保鲜膜放入冰箱冷藏24小时。

2 从冰箱中取出腌好的鸡，在室温下放置10分钟。

3 电炖锅内胆刷一层食用油，再放姜片，将鸡腹朝下放入，加适量清水，按下"开始"键，待显示做好后，再按，直到鸡熟透即可。

艇仔粥　　　缓解疲劳

材料 ✕ 大米80克，鲜鱿鱼丝60克，烧鸭肉50克，猪肚碎30克，熟花生米、干贝各15克。

调料 ✕ 葱末、姜末各少许，酱油、盐各适量。

做法 ✕

1 大米洗净；鲜鱿鱼丝焯烫至熟；干贝用温水泡开，撕碎；烧鸭肉切小块；将鱿鱼丝、烧鸭肉块、花生米放大碗内。

2 电炖锅内加开水，放入大米、干贝碎、猪肚碎煮沸，熬煮成粥。

3 将粥倒入大碗中，加盐调味，再加酱油、姜末、葱末拌匀即可。

电烤箱
健康低脂，烤出不一样的美味

"电烤"是一种非常健康的烹饪方式，用油少，而且能保持食物的原味，电烤是减少肉类食物油脂含量的好方法，所以产后妈妈们可以很放心地食用电烤箱制作的食物。

更营养健康的做法

1 烤箱预热。能让放进去的食物受热均匀，烤出来的食物会更可口，色泽更漂亮。

2 烤盘适量加水。避免烤出来的食物太干、太硬，更好地保存食物中的营养成分，可在烤盘内适量加点水。

培根鲜虾卷　　　　补钙、补蛋白质

材料 ╳ 大虾 4 只，培根 4 片，芦笋尖 20 克，奶酪片 2 片。

调料 ╳ 蒜蓉、盐各适量。

做法 ╳

1 虾去头和外皮，保留虾尾，去虾线，冲净沥干，加盐和蒜蓉搅匀腌渍 20 分钟；芦笋洗净后切段；奶酪切条。

2 培根铺在案板上，依次摆放上大虾、芦笋尖、奶酪条，大虾不露前段，只让尾部露出并自然翘起。

3 用培根包裹好大虾等食材，卷起，用牙签固定，将培根卷放在铺有锡纸的烤盘中，以 200℃烤 12～15 分钟即可。

焦香烤牛排 　　补铁补血

材料 ✕ 牛排、西蓝花各 250 克，豌豆、
　　　　胡萝卜、洋葱各 30 克。

调料 ✕ 蒜蓉 10 克，盐、黑胡椒碎、
　　　　酱油各适量。

做法 ✕

1 牛排洗净，加酱油、黑胡椒碎、盐
腌渍一夜，包锡纸中；西蓝花洗净，
掰成小朵；胡萝卜洗净，切小块；
洋葱洗净，切片；豌豆洗净。

2 豌豆、胡萝卜块、洋葱片加酱油、
盐炒熟；西蓝花加蒜蓉、盐炒熟。

3 将牛排放入预热至 200℃的烤箱中，
烤 20 分钟至熟，放入盘中，加入配
菜装饰即可。

酱烤羊肉串 　　开胃促食

材料 ✕ 羊肉 250 克。

调料 ✕ 生抽、烤肉酱、孜然粉、盐各
　　　　适量。

做法 ✕

1 羊肉洗净，沥干水分，改刀成易入
口的块状，放入调盆内，加入盐、
生抽、烤肉酱，腌渍半天。

2 用竹扦将羊肉块穿起来，在肉上撒
上孜然粉。在烤盘内铺上锡纸，将
羊肉串放在烤盘内。

3 将烤盘推入预热至 200℃的烤箱内，
烤至 20 分钟时，取出翻一次面，刷
上烤肉酱续烤 5 分钟即可。

空气炸锅
无油煎炸，健康美味全满足

空气炸锅能滤出食物本身的油分，因此喜爱煎炸食品的产后妈妈想吃一点油炸食品，可以选择空气炸锅，健康低脂又美味。

更营养健康的做法

1 本身没有油分的食材，比如蔬菜，需要在食物表面薄薄刷一层油，炸的过程不会粘连，而且口感也不错。

2 可以先预热锅体，再放入食物；或者直接冷锅放入食物，炸制和预热同步。如果食材是肉类，用第一种，可以更好地锁住肉里面的水分。

炸薯条　　　　　　　　　　补充体力

材料 ✕ 土豆300克。

调料 ✕ 盐少许。

做法 ✕

1 将土豆洗净，去皮，切条状，在熄火的沸水中泡一下，沥干后倒入锅中。

2 锅里加入少许食用油，设定200℃，烤20分钟，启动机器，时间到即完成。

3 依喜好加少许盐（或蘸番茄酱）食用。

炸锅版烤鸡翅　　**补充蛋白质**

材料 ※ 鸡翅 500 克。

调料 ※ 葱末、姜末、蒜末、盐、奥尔良烤肉酱各适量。

做法 ※

1 鸡翅洗净，用葱末、姜末、蒜末、盐和奥尔良烤肉酱腌渍 2 小时。

2 将鸡翅放入炸锅内的食品托架，190℃烤 16 分钟，期间取出翻次面。

※ 鸡翅背上划两刀更入味 ————

鸡翅洗净后，在肉最多的地方划两刀，以便入味。

彩椒牛肉串烧　　**消除疲劳**

材料 ※ 彩椒 100 克，洋葱 50 克，牛肉、杏鲍菇各 150 克。

调料 ※ 橄榄油、酱油、盐、烧烤酱各适量。

做法 ※

1 彩椒洗净，切片；洋葱去皮，切片；牛肉切块；杏鲍菇焯熟，切块。

2 将橄榄油、盐、酱油、烧烤酱倒入盘内，放入切好的食材腌半天，穿起后放入温度设定 200℃ 的空气炸锅中，烤 10 分钟即可。

※ 牛肉 + 彩椒，温中补气 ————

牛肉有温中补气、补虚损的功效，和富含维生素的彩椒搭配食用，有助于消除疲劳、恢复体力。

电饼铛
双面锁水烙饼，低油不煳零失败

电饼铛双面加热，少油不粘锅，制作简单，做出来的食物好吃又营养。喜欢吃饼又担心太油的产后妈妈，很适合选择电饼铛做饼。可做香酱饼、千层饼、掉渣饼、葱油饼、鸡蛋饼、煎饺、烧卖等各式美食，也可以做烧烤、铁板烧等。

更营养健康的做法

1 温水和面饼更软。和面的时候用温水，这样饼软，有弹性。

2 烙饼的时间不能太长。当用电饼铛烙饼时，饼鼓起来时，就说明已经烙好了，应立即将其盛出，如果时间太长，烙出的饼口感会比较硬。

葱花鸡蛋饼　　　　　　　**促进恢复**

材料 ※ 鸡蛋2个，面粉150克。

调料 ※ 葱花、盐各适量。

做法 ※

1 鸡蛋洗净，磕入大碗中打散，加适量清水搅拌均匀；面粉倒入盛器中，加入鸡蛋液调成面糊，加葱花、盐拌匀。

2 电饼铛预热，涂抹少许油，舀入面糊摊成饼状，烙至两面熟透即可。

黄鱼小饼　　**补益身体**

材料 ✕ 净黄鱼肉 100 克，牛奶 30 克，
　　　　洋葱 20 克，鸡蛋 1 个。

调料 ✕ 盐适量，淀粉 10 克。

做法 ✕

1 黄鱼肉剁成泥，装入碗中；洋葱洗
　净，切碎，放入鱼泥碗中。

2 鸡蛋打散，搅拌均匀后倒入鱼泥碗中，
　再加入牛奶、淀粉和盐搅拌均匀。

3 电饼铛内涂少许油，烧热后，将鱼
　糊倒入锅中，烙成两面金黄即可。

胡萝卜牛肉馅饼　　**强筋壮骨**

材料 ✕ 面粉 200 克，洋葱 50 克，胡
　　　　萝卜 150 克，牛瘦肉 100 克。

调料 ✕ 盐、生抽、十三香、香油各适
　　　　量，葱花少许。

做法 ✕

1 牛瘦肉洗净，剁成馅；胡萝卜、洋
　葱洗净，切末。

2 将牛肉馅、胡萝卜末放碗中，加盐、
　生抽、十三香、香油、葱花和适量
　清水搅拌均匀，制成馅料。

3 面粉加盐、适量温水和成面团，分
　成剂子，擀薄，包入馅料，压平，
　即为馅饼生坯。

4 电饼铛底部刷一层油，放入馅饼生
　坯，盖上盖，烙至两面金黄即可。

干贝厚蛋烧　　　补充优质蛋白质

材料 ✕ 鸡蛋 3 个，番茄 100 克，干贝 50 克。

调料 ✕ 盐适量。

做法 ✕

1 番茄洗净，去皮，切碎；干贝洗净，用水泡 2 小时，隔水蒸 15 分钟，切碎。

2 鸡蛋打散，放入番茄碎、干贝碎、盐搅拌均匀。

3 电饼铛预热，涂少许油，均匀地倒一层蛋液，凝固后卷起盛出，再倒一层蛋液，重复操作。蛋卷盛出后切段即可。

✕ 干贝 + 鸡蛋，补充更多营养 ———

干贝可提供丰富的钙、磷、铁、蛋白质等多种营养，加上蛋白质含量丰富又好吸收的鸡蛋，为哺乳妈妈提供更多优质蛋白质。